有机水稻标准化生产技术应用指导丛书

# 中国有机稻田培肥与科学精准施肥技术应用指南

◎ 吴树业　金连登　田月皎　主编

中国农业科学技术出版社

图书在版编目（CIP）数据

中国有机稻田培肥与科学精准施肥技术应用指南／吴树业，金连登，田月皎主编．—北京：中国农业科学技术出版社，2018.8

ISBN 978-7-5116-3800-7

Ⅰ．①中… Ⅱ．①吴…②金…③田… Ⅲ．①水稻栽培-施肥-指南 Ⅳ．①S511.06-62

中国版本图书馆 CIP 数据核字（2018）第 160501 号

责任编辑　史咏竹
责任校对　贾海霞

出 版 者　中国农业科学技术出版社
　　　　　北京市中关村南大街 12 号　邮编：100081
电　　话　(010)82105169(编辑室)　　(010)82109702(发行部)
　　　　　(010)82109709(读者服务部)
传　　真　(010)82106626
网　　址　http://www.CASTP.cn
经 销 者　各地新华书店
印 刷 者　北京科信印刷有限公司
开　　本　710mm×1 000mm　1/16
印　　张　15.5
字　　数　269 千字
版　　次　2018 年 8 月第 1 版　2018 年 8 月第 1 次印刷
定　　价　49.00 元

# 《中国有机稻田培肥与科学精准施肥技术应用指南》

# 编 委 会

本书获得瑞安市科学技术协会（科普）学术著作出版资助

# 前　言

　　2013 年 9 月，中华人民共和国农业部 10 号公告发布了国家农业行业标准 NY/T 2410—2013《有机水稻生产质量控制技术规范》，并于 2014 年 4 月 1 日实施。该标准的发布并实施后，受到了全国广大有机稻农的欢迎，成为中国有机稻米产业的一盏行业指明灯。为了使 NY/T 2410—2013《有机水稻生产质量控制技术规范》能得到有机水稻生产者的进一步理解和广泛应用，我们组织该标准编制组的相关专家和部分从事有机水稻生产与研究的学者、企业家等，以指导有机水稻标准化生产为目标，立足标准的对应性，理解的通俗性，应用的可操作性，参考提炼了相关专家、学者的专著和文献中的精华，收集并总结了有机水稻生产者生产实践中的成功经验，执笔编写了有机水稻生产质量控制技术应用于生产的知识丛书之一《中国有机稻田培肥与科学精准施肥技术应用指南》。本书对应标准的生产用水、土壤管理、稻田培肥及科学精准施肥技术应用等相关内容进行了通俗易懂的描述，并收录了国内的国家及农业行业相关标准节选，精选了相关专家学者撰写发表的部分专业论文，形成了中国适用肥料在有机水稻生产上科学精准技术应用的规范性专业指导专著。

　　本书共分 9 章，并有 9 个附录，其中，第一章由金连登、王陟、段锦主笔撰写；第二章由吴树业、郑晓微、梁中尧、张卫星主笔撰写；第三章由卢明和、吴树业、曹乃真、施建华主笔撰写；第四章由刘光华、吴树业、郑晓微、宋元园主笔撰写；第五章由吴树业、金连登、郑晓微主笔撰写；第六章由吴树业、张卫星、郑晓微、卢明和主笔撰写；第七章由田月皎、刘善文、赵佩欧、王孔群、孙全礼主笔撰写；第八章由金连登、李鹏、胡贤巧、邵雅芳主笔撰写；第九章由段锦、赵玲、刘福坤主笔撰写。9 个附录由金连登、田月皎、蔡庆尧、李英、邓永议、王硕负责分项编制。本书的主审人员是夏兆刚、朱智伟 2 位研究员。

　　本书在编写过程中得到了中国水稻研究所、中国绿色食品协会有机农业专业委员会、中国有机稻米标准化生产创新发展联盟等有关部门和相关专家学者的关心和指导，以及各相关有机水稻生产的农业龙头企业及从业人员的关注和支持。尤其是瑞安市科学技术协会和上海百欧欢农产品有限公司及韶关市华实现代农业创新研究院给予的鼎力资助。特别是一批长期从事有机农业、有机水稻研究的领导与专家，对书稿中的有关专业技术问题提出了许多宝贵的建议。中国绿色食品协会有机农业专业委员会副主任、高级工程师王华飞亲自担任编委会主任。参与编写的专业人员为本书的编写与出版倾入了大量心血。在此，我们一并表示崇高的敬意和衷心的感谢。

由于本书编写时间仓促，编者水平有限，书中如有不妥之处，敬请广大读者和业内人士批评指正。

编　者

**2018 年 7 月**

# 目　　录

# 第一章 有机水稻生产适用肥料的概述

肥料是有机水稻生产中必需的农用物资，但其必须符合有机农业的"生态、健康、公平、关爱"的原则和符合国家相关标准的规定范围，这类肥料才是适用的。为此，有必要对此进行概述，以便生产中更好地把握与实施。

## 一、有机农业的概念

### （一）有机农业（Organic agriculture）

有机农业是指遵照特定的农业生产原则，在生产中不采用基因工程获得的生物及其产物，不适用化学合成的农药、化肥、生长调节剂、饲料添加剂，以及含有重金属、有害物等物质，遵循自然规律和生态学原理，协调种植业和养殖业的平衡，采用一系列可持续发展的农业技术以维持持续稳定的农业生产体系的一种农业生产方式。

国家认证认可监督管理委员会编写并于 2014 年 9 月出版的《中国有机产业发展报告》一书中指出：有机农业的产生和发展是基于不同国家的政治、经济和文化的背景，因而在阐述有机农业概念时其侧重点各不相同，但含义相近。那么有机农业有哪些含义相近的定义描述呢？以下 3 类定义具有代表性。

1. 国际有机农业运动联盟（IFOMA）的定义

有机农业包括所有能促进环境、社会和经济良性发展的农业生产系统。这些系统将当地土壤肥力作为成功生产的关键。有机农业通过禁止使用化学合成的肥料、农药等化学品而极大地减少外部物质投入，强调利用强有力的自然规律来增加农业生态系统的生产力和抗病能力。有机农业坚持世界普遍可接受的原则，并根据当地的社会经济、地理气候和文化背景具体实施。有机农业强调"因地制宜"的原则。

2. 国际食品法典委员会（CAC）的定义

有机农业是一个依靠生态系统管理而不是外来农业投入的系统，通过取消使用化学合成物（如合成肥料、农药、兽药），转基因品种和种子，防腐剂、添加剂和辐射，代之以长期保持和提高土壤肥力并防控病虫害的管理方法，避免对环境和社会的潜在不利影响。有机农业是整体生产管理体系，以促进和加强农业生态系统的保护为出发点，重视和利用管理方法，而不是外部物质投入，并考虑当地具体条件，尽可能地使用农艺、生物和物理方法，而不是化学合成物质和材料。从这个定义可以看出有机农业更强调对生态环境的保护，其目的是达到环境、社会和经济三大效益的协调发展。

3. 中国《有机产品》国家标准中的定义

GB/T 19630—2011《有机产品》中对有机农业的定义是：有机农业是指遵照特定的农业生产原则，在生产中不采用基因工程获得的生物及其产物，不使用化学合成的农药、化肥、生长调节剂、饲料添加剂等物质，遵循自然规律和生态学原理，协调种植业和养殖业的平衡，采用一系列可持续的农业技术以维持持续稳定的农业生产体系的一种农业生产方式。有机农业基于健康的原则、生态学的原则、公平的原则和关爱的原则。

## （二）有机农业的特征

除上述有机农业的定义描述外，有机农业归结起来，具有五大特征：一是遵循自然规律和生态学原理；二是采取与自然相融合的耕作方式；三是协调种植业和养殖业的相互平衡；四是禁止基因工程获得的生物及其产物；五是禁止使用人工合成的化学农药、化肥、生长调节剂和饲料添加剂等物质。

因此，针对中国的国情，有机农业从本质上讲，其是以农村社会经济与发展环境协调发展的原则，以生产全程的清洁生产为指导，以遵循自然规律和生态学原理为基础的可持续农业生产体系。

# 二、有机稻米的概念

中国最早对有机稻米的定义是 2002 年中国水稻研究所的专家人员编

写的浙江省地方标准 DB33/T 366《有机稻米》中所描述的：有机稻米——指来自有机农业生产体系，按照有机稻米生产标准生产、加工，产品质量符合有机稻米质量标准要求，并经独立的认证机构认证的稻米（包括稻谷和成品米）。

2014 年 12 月中国水稻研究所组织编著的《国家农业行业标准 NY/T 2410—2013 "有机水稻生产质量控制技术规范"解读》中又对有机稻米的概念作了诠释，即：有机水稻的生产是遵照有机农业生产的原则，在生产中不使用化学农药、化肥、生长调节剂、饲料添加剂以及含有重金属、有害物等物质，不采用基因工程获得的生物及其产物，遵循自然规律和生态学原理，采用一系列可持续的农业技术，以维持稻田生产体系稳定的一种水稻生产方式。有机水稻的产出品为稻谷或大米及其深加工的制品与副产品。标识有机水稻的产出品必须是按照国家认证认可监督管理委员会发布的《有机产品认证实施规则》和《有机产品认证目录》的规定，并经合法资质的有机产品认证机构认证。

有机稻米与常规稻米相比，其有四大特征：一是产地基础条件的要求高；二是生产过程的控制方式严；三是生产管理要求全程追溯；四是实施认证和标志管理。

## 三、有机水稻生产适用肥料的含义

### （一）适用肥料的范围

有机水稻生产适用肥料的范围应以相关标准规定允许使用的范围为准则，其的"适用"，主要有 3 类：一是农家堆（沤）制有机肥，二是商品类肥料，三是以 GB/T 19630.1《有机产品生产》附录 C 开展评估许可的土壤培肥与改良物质。

但从肥料的品种来看，目前，在有机水稻上大量使用的主要有以下 3 类。

1. 农家堆（沤）肥（积制有机肥）

农家堆（沤）肥是农民就地取材、就地使用、不含集约化生产、无污染的由生物物质、动植物残体、排泄物、生物废物等积制腐熟而成的一类肥料，涉及经充分发酵腐熟的堆肥、沤肥、厩肥、绿肥、饼肥、沼气肥、草木灰等农家肥。

圈肥也称厩肥，是家畜粪尿和垫圈材料、饲料残茬混合堆积并经微生物作用而成的肥料。各种畜粪尿中，以羊粪的氮、磷、钾含量高，猪、马粪次之，牛粪最低；排泄量则牛粪最多，猪、马类次之，羊粪最少。垫圈材料有秸秆、杂草、落叶、泥炭和干土等。厩肥分圈内积制（将垫圈材料直接撒入圈舍内吸收粪尿）和圈外积制（将牲畜粪尿清出圈舍外与垫圈材料逐层堆积）。经嫌气分解腐熟。在积制期间，其化学组分受微生物的作用而发生变化。厩肥的作用：①提供植物养分。包括必需的大量元素氮、磷、钾、钙、镁、硫，以及微量元素铁、锰、硼、锌、钼、铜等无机养分；氨基酸、酰胺、核酸等有机养分和活性物质（如维生素 $B_1$、维生素 $B_6$ 等）。保持养分的相对平衡。②提高土壤养分的有效性。厩肥中含大量微生物及各种酶（蛋白酶、脲酶、磷酸化酶），促使有机态氮、磷变为无机态，供作物吸收。并能使土壤中钙、镁、铁、铝等形成稳定络合物，减少对磷的固定，提高有效磷含量。③改良土壤结构。腐殖质胶体促进土壤团粒结构形成，降低容重，提高土壤的通透性，协调水、气矛盾。还能提高土壤的缓冲性和改良矿毒田。④培肥地力，提高土壤的保肥、保水力。厩肥腐熟后主要作基肥用。新鲜厩肥的养分多为有机态，碳氮比值（C/N）大，不宜直接施用，尤其不能直接施入水稻田。

2. 厌氧发酵肥料

常见的厌氧发酵肥料是沼肥，即将作物秸秆、青草和家畜粪尿等在密闭的沼气池中经微生物厌氧发酵制取沼气后所剩的残渣和肥液，富含有机质和必需的营养元素。沼气发酵慢，有机质消耗较少，氮、磷、钾损失少，氮素回收率达95%、钾在90%以上。沼气水肥作旱地追肥；渣肥作水田基肥，若作旱地基肥施后应复土。沼气肥出池后应堆放数日后再用。

3. 商品类肥料

包括商品类有机肥、商品类矿物肥、商品类生物肥、商品类微生物菌肥（剂），以及来源于植物源的商品类叶面肥等。这些商品类肥料是生产商经过国家或地方主管部门肥料登记而生产的，并经有机认证机构评估许可，能用于有机生产的投入品。其最大的控制点在于：肥料的组分中，不得有化学物质和转基因成分；其肥效如何，需看产品说明书或使用标注等资料，或肥效检测报告等。

## （二）有机肥料的概念

有机肥料是指含有有机物质，既能提供农作物多种无机养分和有机养分，又能培肥改良土壤的一类肥料。其中绝大部分为农家就地取材，自行积制的。其次，是商品类有机肥，包括生物有机肥。

中国施用有机肥料历史悠久，早在两三千年以前就有锄草、茂苗文字记载。从古到今，在有机水稻生产上应用的有机肥料的概念没有一个统一的定义和术语，随着社会的不断发展，有机肥料来源的广泛与商品类有机肥加工企业的崛起，使得有机肥料的种类和品种越来越多，范畴也越来越广。

20 世纪 70 年代之前，有机肥料是指含有大量有机物质的肥料。在广大农村，利用各种秸秆、人畜粪便就地堆沤，就地施用，即农家肥，主要有人粪尿、猪圈肥、牲畜粪尿、堆肥、饼肥等。

改革开放后，随着社会经济的进一步发展，人们生活水平的逐步提高，城市与农村垃圾的增多、规模畜牧养殖业的增加，以及有机肥料加工企业的发展，有机肥料已超出农家肥的局限，向商品化方向发展。有机肥俗称农家肥，是指含有大量生物物质、动植物残体、排泄物、生物废物等物质的缓效肥料。有机肥中不仅含有植物必需的大量元素、微量元素，还含有丰富的有机养分，有机肥是一种提供有机水稻生长所需营养最全面平衡的适用肥料。

## （三）有机水稻生产适用有机肥料的定义与范围

（1）NY/T 525—2012《有机肥料》的术语：有机肥料（Organic fertilizer）主要来源于植物和（或）动物，经过发酵腐熟的含碳有机物料，其功能是改善土壤肥力、提供植物营养、提高作物品质。

（2）NY/T 2410—2013《有机水稻生产质量控制技术规范》中虽没有表明有机肥料的定义和术语，但根据 NY/T 525《有机肥料》、NY/T 798《复合微生物肥料》、NY/T 884《生物有机肥》等标准中的规定，制定了"有机水稻生产中允许使用的土壤培肥和改良物质"的类别、名称、组分、要求及其主要适用与使用条件。

（3）有机水稻适用有机肥料，从广泛含义的角度来说，是指有机水稻在生产过程中，依据 GB/T 1963.1—2011《有机产品生产》、NY/T

2410—2013《有机水稻生产质量控制技术规范》等标准的规定，以 NY 525—2012《有机肥料》、NY/T 798《复合微生物肥料》、NY/T 884《生物有机肥》为引用基础的农家堆（沤）制有机肥和以工厂化生产的商品类有机肥（矿物肥不含）。除禁止带有化学合成和转基因成分及相关有害物质外，其都必须按标准的附录表所规定的范围来选择使用的一类有机肥料。但商品类有机肥必须通过国家有机认证机构评估许可。

## （四）适用有机肥料的特点与作用

### 1. 适用有机肥料的特点

适用有机肥料的特点，概括起来主要有以下 7 个方面：一是有机肥料含有大量的有机质，具有明显有效的改土培肥作用。二是有机肥料含有多种养分，所含养分全面平衡，长期施用能平衡土壤和农产品中的养分。三是有机肥料养分含量低，需要有一定数量施用。四是有机肥料肥效缓慢而作用时间长。五是有机肥料来源于自然，肥料中没有任何化学合成物质，长期施用可以改善农产品品质。六是有机肥料在生产积制过程中，按标准要求经过充分的腐熟处理，施用后可提高作物的抗旱、抗病、抗虫能力，减少农药的使用量。七是有机肥料中含有大量的有益微生物，可以促进土壤中的生物转化过程，有利于土壤肥力的不断提高，增强土壤的自动调节能力。

### 2. 适用有机肥料的作用

施用有机肥料最重要的一点就是安全有效地增加了土壤的有机物质。有机质的含量虽然只占耕层土壤总量的百分之零点几至百分之几，但它是土壤的核心成分，是土壤肥力的主要物质基础。适用有机肥料对土壤的结构、土壤中的养分、能量、酶、水分、通气和微生物活性等有十分重要的影响。

一是适用有机肥料含有植物需要的大量营养成分，对植物的养分供给比较平缓持久，有很长的后效。适用有机肥料还含有多种微量元素。由于适用有机肥料中各种营养元素比较完全，而且这些物质完全是无毒、无害、无污染的自然物质，这就为生产高产、优质、无污染的有机产品提供了必需条件。适用有机肥料含有多种糖类，施用适用有机肥增加了土壤中各种糖类。有了糖类，有了有机物在降解中释放的大量能量，土壤微生物的生长、发育、繁殖活动就有了能源。

二是畜禽粪便中带有动物消化道分泌的各种活性酶，以及微生物产生的各种酶。施用适用有机肥大大提高了土壤的酶活性，有利于提高土壤的吸收性能、缓冲性能和抗逆性能。施用适用有机肥料增加了土壤中的有机胶体，把土壤颗粒胶结起来，变成稳定的团粒结构，改善了土壤的物理、化学和生物特性，提高了土壤保水、保肥和透气性能，为有机水稻生长创造良好的土壤环境。

对于各类允许在有机水稻生产中使用的肥料的施肥要求，使用者应把控4条原则：一是肥料的营养比例底数及肥效；二是测土施肥的针对性；三是不过度过量使用；四是商品肥料应用前经认证机构评估报批。

## （五）施用适用肥料存在的风险

### 1. 不应过量施用

有机水稻生产中除了禁止使用化学肥料的原则性限制以外，还要求不过量施用农家有机肥、矿物肥、生物菌肥、商品类有机肥和未腐熟的农家有机肥。对于有机肥的施用，要掌握好施肥量，避免造成重金属积累及环境污染。当前各种名目繁多的商品类有机肥、生物肥较多，内含成分复杂，施用商品类有机肥，除了应把握相关标准的要求，还应该强调只能是在自身肥源不能满足需要的情况下，采取的一种辅助措施。以矿物原料为主成分的复合有机肥或集约化养殖场的畜禽粪肥，或过量使用未经充分腐熟的农家有机肥、人粪尿及生物肥和相关商品类有机肥等，致使稻田土壤的氮、磷、钾和 pH 值等不均衡，以及稻田土壤中的重金属含量超标，最终给有机水稻生产带来的不利因素。

当前，在堆制有机肥时经常会添加微生物来促进分解、增进养分，但转基因技术近些年来已经在微生物领域引入使用，因此在使用微生物制剂时也需要注意避免存在转基因问题。

### 2. 关注叶面肥、微肥的化学成分

一般叶面肥、微肥往往含有化学成分，使用前要搞清其配方成分及来源。对此，必须是植物源的、天然组分的、非化学合成的。

### 3. 注意矿物肥风险

矿物肥料是一种长效肥料，施用时保持着其天然组分，但由于天然矿石经过化学处理后改变了性质，也提高了溶解性，即发生了化学变化，这就成了化肥，如过磷酸钙、钙镁磷肥、硫酸钾、氯化钾等常规水稻生产中

常用的磷钾肥，从而变成有机农业不允许使用的物质。

矿物肥料中都含重金属，长期使用矿物肥料，必须考虑重金属积累的问题，这也就是有机生产不鼓励以矿物肥作为营养循环的主要来源的理由之一。凡施用矿物肥的有机水稻生产基地，应提供肥料说明书或相关数据，尤其要尽可能控制投入矿物肥料中的重金属含量，以确保其中的重金属含量不超过国家标准。

天然的矿物肥料和生物肥料虽然是标准允许有限制使用的，但终究都是引进到有机农业生产系统中的，因此不应作为系统中主要营养循环的替代物。

4. 慎用集约化养殖场粪肥

长期施用集约化养殖场的鸡粪和猪粪等做农家有机肥或商品类有机肥，土壤中重金属的含量会明显增高。亚硝酸氨是一种重要的致癌物质，如果生产中施用了过多的含氮有机肥，也会使土壤中，并进而发展水稻籽粒中的亚硝酸盐明显增多，从而对人类健康造成威胁，因此，施用来源于大型集约化养殖场粪肥制作有机肥需要适度。有机肥虽然是补充土壤养分的良好方式，但也不是使用量越高越好，应避免过度施用各类有机肥，造成环境和产品的污染。欧盟的有机农业标准规定每年每公顷农地施用有机肥量不得超过170千克纯氮，超过此量就会导致土壤中氮素的淋失，有污染地下水的风险。中国对于有机生产中肥料的使用上限并没有相应标准规定，考虑到种植制度、气候、土壤条件等因素差异较大等原因，在有机农业标准中并没有硬性规定一个指标，而是规定了一个定性的要求，避免造成污染，根据实际情况判断该类有机肥使用情况，进行风险控制。

5. 禁用城市污水污泥

随着中国工业化发展和人们生活方式的变化，城市污水污泥中的成分越来越复杂，污染物种类也越来越多，使用城市污水污泥的污染风险很大，因此有机生产中规定不能使用城市污水污泥，而有些地方还存在利用城市污水污泥作为商品类有机肥的主要原料，应尽最大可能地减少污染影响。

# 第二章 适用有机肥料的积制与利用

根据中国有机稻米标准化生产创新发展联盟开展的在当前全国近 30 万公顷有机水稻生产中使用肥料的调研及分析，相关的情况是：绝大多数生产单位使用的肥料是适用的农家堆（沤）制有机肥和商品类有机肥。因此，对这类肥料的积制与利用的常识很有必要作一介绍。

## 一、循环有机农业的概念

循环有机农业，就是在良好的生态条件下，按照生态学原理和经济学原理，运用现代科学技术成果和现代管理手段，以及传统农业的有效经验，在农作系统中推进各种农业资源往复多层与高效流动的活动，运用物质循环再生原理和物质多层次利用技术，实现较少废弃物的生产和提高资源利用效率的农业生产方式。循环有机农业作为一种环境友好型农作方式，具有较好的社会效益、经济效益和生态效益。

循环有机农业应用现代先进的农作物综合加工利用技术与设备，依托有机养殖业和有机农作物秸秆等资源丰富的优势，为市场提供质优价廉与商品化程度高的种养结合产品，促进有机养殖业优质高效发展，提高有机农作物秸秆的利用率和经济效益，并使秸秆与饲料加工、养殖业、生物有机肥、种植业四者之间形成有机的产业循环链，建立起有机农业资源高效利用的集约化现代内循环经济体系，全面提高农业资源利用效率和农业生产经济效益，实现农业增效、农民增收、农村繁荣，促进和加快生态创建工程建设及"振兴乡村"建设。

循环有机农业也就是生态大农业的一个重要组成部分，它旨在没有化学物质和转基因成分参与的情况下，生产出安全优质农作物产品。在生产实际中，用农业敌害的天敌代替农药，用有机肥代替化肥等一切用生物方式或不污染环境的纯天然方式抑制病虫害的方法，既是生态大农业循环方式，也是有机农业的明确方向和发展原则。

## 二、有机水稻生产中的内循环利用

NY/T 2410—2013《有机水稻生产质量控制技术规范》标准中强调，可以通过有机生产单元系统内回收、再生和补充获得土壤养分。有机农业生产以生态学理论为基础，根据有机生产为一相对封闭的养分循环系统的原理，采用生态系统内部的物质循环来满足作物对养分的需求；在上述措施无法满足作物的养分需求时，可以使用一些外购适用的商品类有机肥。对于这一点一定要注意其先后顺序。

有机水稻生产除了应该实施轮作、间套作等措施外，如果施用有机肥料，一方面应尽可能地来自本有机生产单元，另一方面应当积极开拓自己的有机肥源，如发展有机方式的养殖业等，实施种养结合方式，促进生产单元内部养分的循环利用。即要尽可能地将系统内的所有有机物质归还土壤，如果不是来自本有机生产单元的，也应优先选择来自其他有机生产体系的有机肥或该标准附录 A 表 A.1 所列出的有机水稻生产中允许使用的土壤培肥和改良物质。

## 三、适用有机肥料积制利用意义

随着人民生活水平的提高，人们对农产品质量提出新的要求。施用有机肥料的农产品深受广大消费者的喜爱。提高农产品品质带来有机肥料的大量需求，促进了有机肥料的加工生产，除传统的人工堆腐加工有机肥料的方式外，还涌现出一大批企业利用现代技术加工有机肥料，开发了大量高品质的新型有机肥料。

同时，随着工农业和城镇的发展，产生了大量有机废物，以前只有少量被利用，大多数排放至自然界，不仅污染了环境，而且造成了有机资源的浪费。而且随着人们环境意识的增强，政府严令禁止焚烧秸秆。这些有机废物也为有机肥积制提供了大量的原料。

随着中国畜牧业进一步的发展，畜牧业生产集约化、商品化、标准化程度明显提高，畜牧场的规模也逐步增大，政府对畜牧场的环境整顿、排泄物治理和有机废弃物的利用越来越重视，并投入了大量资金，在有机废弃物的利用过程中建立了许多有机肥料厂，不仅治理了环境，而且变废为宝，增加了商品类有机肥料的供给。废弃物的循环利用为有机肥料发展提供了广阔的领域。

## 四、适用有机肥料积制利用的基本原理与方法

适用有机肥料的积制加工，主要是利用各种含有有机质和作物生长所需的氮、磷、钾元素的物料积制加工（商品）有机肥料。有机肥料原料的种类依据相关标准及其附录中规定的要求选择。具体生产工艺中，可能采用某一种有机原料为主要原料，其他为辅料。有机肥料在生产积制加工过程中，要根据有机肥料发酵的水、碳氮比、气、热等条件，使其达到设备所要求的积制加工条件和适用有机肥料的标准参数。

在有机水稻生产中，应优先选用本生产单元或其他有机生产单元的作物秸秆及其处理加工后的废弃物、绿肥、畜禽粪便为主要原料制作农家堆肥。当从本生产单元或其他有机生产单元无法满足制作农家堆肥的原料需求时，可使用有机农业体系外的各类动植物残体、畜禽排泄物、生物废物等有机质副产品资源为原料。为使堆肥充分腐熟，可在堆制过程中添加来自自然界的好气性微生物，但不应使用转基因生物及其衍生物与产品。具体哪些原料来源符合要求，其使用的条件如何，在 GB/T 19630.1—2011《有机产品　第1部分：生产》和 NY/T 2410—2013《有机水稻生产质量控制技术规范》的相关附录中均以列表的形式进行了详细描述。

### （一）稻田秸秆的积制与利用

秸秆是作物收获后的副产品，秸秆的种类和数量丰富，是宝贵的有机质资源之一。根据全国农村可再生能源统计。稻田秸秆理论资源量草谷比为 0.93~1.28，以长江中下游农区最高，华北农区最低。利用秸秆加工有机肥料，可以变废为宝，减少其对环境的污染。秸秆加工成有机肥料后施入土壤可以归还作物从土壤中吸收的养分，有利于土壤平衡养分。

有机稻田的秸秆还田可增加土壤中有机质含量、培肥地力、形成良性耕作环境，是有机水稻生产单元保持和提高土壤肥力的重要措施。具体表现如下。

一是增加土壤有机质含量。通过利用秸秆还田可以使土壤中的碳源得

到增加，秸秆中的碳经过土壤微生物腐解后形成大量的有机碳存储在土壤中，增加了土壤有机碳的含量，培肥地力。

二是有效提高土壤酶活性。秸秆还田改善了耕层土壤物理性质，引起土壤中生化反应进程发生改变，从而提高了耕层中土壤酶活性。

三是改善土壤蓄水能力。秸秆还田后随着土壤中团粒结构和团聚体数量的增加，土壤孔隙度也逐渐增大，可以提高土壤的渗水能力和保水能力。

四是促进根系发育。秸秆还田可以促进作物根系的生长和发育，提高农作物的产量。

五是减少环境污染，改善环境。秸秆还田避免了秸秆焚烧所造成的大气污染和资源浪费的问题，对改善环境和农作物资源的有效利用有重要意义。

目前，秸秆还田的方式有很多种，包括粉碎后直接还田、饲喂牲畜后过腹还田，以及生产沼气的沼渣还田等。稻田秸秆利用具体可分为肥料化、饲料化、燃料化、基料化和原料化利用。肥料化利用主要指通过秸秆直接还田、腐熟还田、堆沤还田、秸秆生物反应堆、秸秆生产有机肥技术途径消纳利用。饲料化利用主要指通过青（黄）贮技术、碱化/氨化技术、压块饲料（包括颗粒饲料）加工技术、揉搓丝化加工技术、蒸汽爆破技术途径发展秸秆养畜消纳利用。燃料化利用主要指通过秸秆固化成型技术、秸秆炭化技术、秸秆热解气化技术、秸秆沼气生产技术、秸秆直燃发电技术、秸秆纤维素乙醇生产技术途径以及农户生活用能消纳利用。基料化利用主要指通过秸秆生产食用菌基质、育苗基质和其他栽培基质消纳利用。原料化利用主要指通过秸秆人造板材生产、秸秆复合材料生产、秸秆清洁制浆、秸秆木糖醇生产、秸秆可降解包装材料、秸秆墙体材料、秸秆盆钵、秸秆造纸、秸秆编织等技术途径消纳利用。有机农业鼓励和提倡农业生态系统实现内部循环，有机稻田秸秆利用应以肥料化利用为主，其次是饲料化、基料化、燃料化后还田。

1. 稻田秸秆机械化直接还田技术

稻田秸秆可收集资源量可收集系数机械收割留茬高度 15 厘米为 0.74，人工收割留茬高度 7 厘米为 0.83。稻田秸秆机械化直接还田技术主要是通过机械将秸秆粉碎后抛撒覆盖在地表，然后利用机械将粉碎后的秸秆和根茬一起埋入土壤中的一项综合机械化技术。秸秆机械化直接还田技术的实施不仅可以增加土壤有机质、培肥地力、提高作物产量，而且可以争抢农时、解决秸秆出路、避免焚烧秸秆、减少环境污染。其技术要点如下。

（1）东北一熟区水稻秸秆翻埋还田技术：采用带有秸秆粉碎功能的水稻收获机收获水稻，秸秆粉碎后均匀覆盖地表，或用双轴水田旋耕机于秋季水稻收获后适时进行秸秆粉碎作业，粉碎后秸秆均匀覆盖地表。秸秆粉碎长度不大于 10 厘米，残茬高度小于 15 厘米；采用水田型翻地犁进行耕翻作业，达到扣垡严密、深浅一致、无立垡无回垡、不重耕不漏耕的要求；耕翻深度 18～22 厘米，秸秆残茬掩埋深度大于 10 厘米，埋茬起浆平地作业深度达到 10 厘米以上。

（2）水旱轮作稻区秸秆还田技术：在收获水稻时，将秸秆直接切碎，并均匀抛洒覆盖于地表，要求割茬高度≤15 厘米，秸秆切碎长度≤10 厘米，切断长度合格率≥90%，抛撒均匀度≥80%。秸秆粉碎地表覆盖还田要求有足够的秸秆覆盖量、腐烂较快；秸秆粉碎混埋还田要求旋耕深度≥12 厘米，秸秆覆盖率≥80%，碎土率≥50%；秸秆粉碎翻埋还田要求耕翻深度满足当地农艺和土壤条件要求，秸秆覆盖率≥90%，断条率≥2 次/米，立垡回垡率≤5%。

（3）双季稻区秸秆还田技术：在收获水稻时，将秸秆直接切碎，并均匀抛洒覆盖于地表，要求割茬高度≤15 厘米，秸秆切碎长度≤10 厘米，切断长度合格率≥90%，抛撒均匀度≥80%。秸秆粉碎混埋还田要求秸秆覆盖率≥90%，地表平整，田面高差≤3 厘米；秸秆粉碎翻埋还田要求耕翻深度满足当地农艺和土壤条件要求，秸秆覆盖率≥90%，断条率≥2 次/米，立垡回垡率≤5%。

（4）注意事项：①注意控制稻草数量。一般每亩①以 100～150 千克的干稻草或 350～500 千克的湿稻草为宜。②注意保持充足水分。这是保证微生物分解稻草的重要条件，稻草还田后因土壤更加疏松，需水量更大，要早浇水、浇足水，以有利于稻草充分腐熟分解。③注意配合施用氮肥。稻田秸秆机械化直接还田时，作物与微生物争夺速效养分的矛盾，特别是争氮现象，可通过补充高氮有机肥添加腐秆菌剂来解决。④注意选择适宜时机还田。稻田秸秆粉碎后应立即进行混埋或翻埋，避免水分的损失导致不

---

① 1亩≈667 平方米，全书同

易腐解，尤其是双季稻区早稻收割至晚稻移栽时间短，为20天左右，早稻收割后立即翻耕沤田才有利于晚稻的移栽和生长。⑤注意病虫害严重的稻草直接还田需要使用熟石灰进行全田消毒。⑥注意双季稻区特性。早稻水稻收割时稻茬尽量剪低，有利于翻耕后稻茬腐熟；晚稻水稻收割时稻茬尽量留高，有利于冬种绿肥紫云英幼苗期遮阴和减少稻草覆盖的影响。

2. 稻田秸秆堆制腐熟还田技术

东北半农半牧区，水稻收割使用水稻收割打捆一体机在霜冻以前对水稻进行活秆收割，并在田间自然晾晒，待水分合格后进行脱粒。每年水稻收割脱粒后，水稻秸秆存放至堆肥地点，同时农户将家中羊粪也送至堆肥地点，缺口部分从牧区购置羊粪。每年3月中旬，将秸秆粉碎并与羊粪按照1:2的比例均匀掺混，并掺入一定发酵菌剂，搅拌均匀，撒入一定量的水分，使混合物的含水量达到60%，用铲车打堆发酵。

在堆制稻秆羊粪堆肥的发酵过程中，每天定期检测发酵温度。在堆肥表面30厘米处温度达60～70℃时，生物菌最活跃时，需要大量的水分和营养供其生长，大约为堆制后一个星期的时间，此时需要翻堆。铲车翻倒时应保证铲斗每次都在最高点后抖动翻下，以保证最有效的肥料透气性，充分混匀，并及时补充水分，使堆肥充分发酵。此后随着发酵速度加快，翻堆的次数随之增加，时间间隔随之减少，其间翻堆7～8次，当堆温降至40℃以下，且保持不变，翻堆后不再升温，堆肥湿度35%以下，形成熟黄、松散、带有香味的有机肥，此时有机肥完全腐熟。稻秆羊粪堆肥完全发酵腐熟大约在5月上旬，整个堆制时间为45天左右。用撒肥机及时把堆制腐熟好的稻秆羊粪堆肥撒至基地，每公顷施用15吨，并随之翻地。

3. 稻田秸秆饲料化后还田技术

通过稻草碱化及青贮氨化等技术，将稻草转化为较易被畜禽吸收的物质；或以稻草为原料，制成复合型饲料。利用稻草作饲料，发展畜禽养殖，生产优质的有机肥料还田。最可行的方式是稻草养牛，牛喜欢吃稻草，稻草是新鲜牧草不足时的有效补充，有机稻草饲喂有机肉牛价值更高，牛粪制作成堆肥回田实现过腹还田。

4. 稻田秸秆基料化后还田技术

利用稻草为主料，根据不同季节，选用不同的食用菌种，生产食用菌。生产食用菌后的废料是一种优质有机肥，可全部还田。稻田秸秆、水稻脱粒时扬出的碎残枝梗叶、稻壳，粉碎后混合牛粪，经过高温发酵，配以适当的防病药剂及有机肥料，制作成水稻无土碎稻穰基质育秧苗，实现稻田秸秆基料化后还田。

5. 稻田秸秆燃料化后还田技术

利用沼气发酵技术，产生沼气能源，稻草等经发酵后还田。农户生活中将稻草用作燃料，剩余的稻草灰还田。

6. 稻田秸秆作覆盖物后还田技术

在双季稻区，水稻—水稻—马铃薯种植模式中，使用半喂入式收割机收割晚稻，割茬高度≤10厘米，保留完整的稻秆，马铃薯播种后用稻秆顺畦向铺在畦面上，稻秆的厚薄视产出量而定，用完为止，然后培土覆盖。水稻—水稻—马铃薯种植模式的马铃薯生长期在120天左右，随着马铃薯的成长，稻秆慢慢腐烂，到马铃薯收获时稻秆可以完全腐烂。这种模式也属于稻秆直接还田的范畴。

## （二）农家肥的积制与利用

农家肥是农户就地取材、就地使用的由生物物料、动植物残体、排泄物、生物废物等堆（沤）制作腐熟而成的一类肥料，涉及经充分发酵腐熟的堆肥、沤肥、厩肥、绿肥、饼肥、沼气肥、草木灰等农家肥。农家肥种类繁多且来源广、数量大，便于就地取材，就地使用，成本也比较低。农家肥的特点是所含的营养物质比较全面，它不仅含有氮、磷、钾，而且还含有钙、镁、硫、铁及一些微量元素。农家肥虽然含营养成分的种类比较广泛，但是含量比较少，这些营养元素多呈有机物状态，而且肥效较慢，难于被作物直接吸收利用，必须经过土壤中的化学物理作用和微生物的发酵，分解，使得养分逐渐释放，因而肥效长而稳定。施用农家肥料有利于促进土壤团粒结构的形成，使土壤中空气和水的比值协调，使土壤疏松，增加保水、保温、透气、保肥的能力。

堆肥按原料的不同，分高温堆肥和普通堆肥。高温堆肥以纤维含量较高的植物物质为主要原料，在通气条件下堆制发酵，产生大量热量，堆内温度高（50~60℃），因而腐熟快，堆制快，养分含量高。高温发酵过程中能杀死其中的病菌、虫卵和杂草种子。普通堆肥一般掺入较多泥土，发酵温度低，腐熟过程慢，堆制时间长。堆制中使养分化学组成改变，碳氮比值降低，能被植物直接吸收的矿质营养成分增多，并形成腐殖质。

沤肥是作物秸秆、绿肥、杂草等植物性物料与畜禽粪便以及河塘底泥一起置于积水坑中，经微生物嫌气发酵而成的肥料。一般作基肥施入稻田。沤肥可分凼肥和草塘泥两类。凼肥可随时沤制，草塘泥则在冬春季节沤制。沤制时要防止缺氧，应翻塘和添加作物秸秆、绿肥、杂草等植物性物料及适量人粪尿、石灰等，以补充氧气、降低碳氮比值、改善微生物营养状况，加速沤制腐熟。

1. 农家肥的来源要求

在有机水稻生产中，应优先选用本生产单元或其他有机生产单元的作物秸秆及其处理加工后的废弃物、绿肥、畜禽粪便为主要原料制作农家堆肥，以维持和提高土壤的肥力、营养平衡和土壤生物活性。当从本生产单元或其他有机生产单元无法满足制作农家堆肥的原料需求时，可使用有机农业体系外的各类动植物残体、畜禽排泄物、生物废物等有机质副产品资源为主要原料，并与少量泥土混合堆制。为使堆肥充分腐熟，可在堆制过程中添加来自自然界的好气性微生物，但不应使用转基因生物及其衍生物与产品。

具体哪些原料来源符合要求，其使用的条件如何，在 NY/T 2410—2013《有机水稻生产质量控制技术规范》附录 A.1 中以列表的形式有详细描述。

农家肥堆沤的主要技术措施就是调整好碳氮比。微生物繁殖需要养料能源，其中需要的碳素较多，其次是含氮的有机物。因此，农家肥发酵要把原料调整成合适的碳氮比例。一般把碳氮比调整在（25∶1）～（35∶1），即堆肥原料每一份氮源配有 25～35 份碳源。各种原料中碳、氮的含量不同，其中人畜禽粪便中的氮含量较高、碳氮比较小，尤其是禽粪中的含氮最高，而作物秸秆含碳较多，碳氮比较大，因此畜禽粪便发酵要加入一定量的秸秆，才能很好地发酵。

2. 农家肥的堆制方法

堆制农家肥时，应选择背风向阳、运输方便的农家庭院或田边地角建堆，堆底平而实，堆场四周起埂，利于增温，防止跑水。用于堆制农家肥的作物秸秆或其他动植物残体等主要原料在堆制前应浸透水，将已浸透水的作物秸秆或其他动植物残体与畜禽排泄物、生物废物等其他的主要原料充分搅拌混匀，同时可渗入少量泥土或混入来自自然界的微生物，然后分层撒堆，并适当踩实，料面上最后用泥密封 1.5～2 厘米进行发酵，直到充分腐熟。要求堆宽 1.5～2.0 米、堆高 1.5～1.6 米、长度不限，可视堆肥场所实际情况而定。堆制 10~15 天可人工或机械翻堆 1~2 次并酌情补水，加速成肥过程。如不翻堆，可以在中央竖几把秸秆束以便于透气，满足好气性微生物活动。

农家肥堆（沤）的具体操作步骤如下。

一是细碎浸湿。作物秸秆或其他动植物残体进行细碎并浸透水。较粗硬的秸秆须铡成 2~5 厘米碎段，铡好后分几次喷水翻拌，使得秸秆充分浸透水分。较细软的秸秆可以不铡，直接喷水浸透。青嫩秸秆直接切碎拌肥。

二是混拌堆制。把已浸透水分的作物秸秆或其他动植物残体与畜禽粪便、生物废物等其他主要原料按比例混堆并充分混匀，可以先铺一层秸秆，再铺一层畜禽粪便，适量撒些细土，用来保存肥料养分，一般每吨原料加 300 千克左右。如果原料中水分不足，要边堆积边加水，使水分达到 65%~70%。这样层层堆积，堆成直径 2 米以上的圆堆，形成宽 1.5~2米、堆高 1.5~1.6 米、长度不限的长形堆，堆中可竖几个草把通气。有条件的，最好在堆制过程中加入来自自然界的肥料腐熟剂或微生物菌种。肥料腐熟剂是专门分解腐熟有机物的菌群，一般是由较耐高温的有机物分解菌及其他有益菌组成，有利于有机物快分解，有益微生物快速繁殖，抑制有害微生物的繁殖，堆制出来的肥料养分更高，肥效更好。一般每吨堆肥原料加入腐熟剂 0.5~1 千克即可起到很好的效果。先把腐熟剂拌入 10倍左右的细土中，均匀撒到秸秆层上。

三是翻堆倒堆。农家肥堆好后，要经常检查堆内温度，防止因长时间过热烧堆（即发过劲）。一般堆沤 5~10 天，堆中温度即可达到 60~70℃，保持 10 小时左右。此时堆顶塌陷，冒热气，没有塌陷处可补浇点水，然后立即翻倒粪堆，把大块打碎，粪草混匀，比较干的部分补浇水分，再照原样堆好。10 天左右，堆温再次升到 60℃左右，再翻倒 1 次，堆制完成。发酵好的农家肥不再升温，应尽快施用，避免贮存时间过长而降低有益菌的活性。

3. 农家肥的质量要求

农家堆肥应充分腐熟，成肥颜色以黄褐色最佳，无恶臭味，或者有点霉味和发酵味。农家肥中的有毒有害物质、重金属含量、大肠杆菌和蛔虫卵残等有害微生物应符合国家相关标准要求的质量指标。

有机水稻生产过程中，应实时填写农家肥堆制记录和使用记录，农家堆肥制作和使用的记录表可参考 NY/T 2410—2013《有机水稻生产质量控制技术规范》附录 C 中的附表，也可以自行设计记录表，但必须包含原料来源和数量、施用时间和使用量等重要信息，描述堆制方法和过程。通常情况下，种植户积制的农家肥很少送样检测其中有毒有害物质、重金属含量、大肠杆菌和蛔虫卵残等有害微生物的质量指标，大多数是通过观察成肥的外观性状和气味等简单易行的方法来判断堆肥质量。一是肥堆体积塌缩 1/3 左右，堆温降到 40℃以下，腐殖化程度 30%左右；二是秸秆变棕褐色，粗硬秸秆全部软化水解，易撕碎；三是充分发酵好的农家肥无恶臭味，无白色菌毛状。

简易识别农家肥是否充分腐熟的方法有：一是取 1 千克左右的农家肥放入塑料袋内，排气后扎紧袋口，放置 3 天，如塑料袋鼓起，则未腐熟完全，如塑料袋没有变化，说明已经腐熟。二是取少量农家肥按 1：10 溶于水，搅拌均匀后静置 10 分钟，待分层后上层溶液呈酱油色即为腐熟完全，如颜色较浅则未完全腐熟，不能直接施用。三是取农家肥少许放入碗内，将一蚯蚓放于农家肥上，用布盖上碗口，片刻后若蚯蚓钻入农家肥内，说明腐熟，如不钻，说明农家肥中氨气较多，尚未腐熟完全。

### （三）废弃物的积制与利用

随着国民经济的发展及城镇建设的加快，城市废弃物与日俱增，在一些地方已成为环境的污染源，但不少废弃物中含有农作物可利用的部分营养物质，如有机物、氮、磷、钾、钙、硅、铜、锌、铁、锰等，既可用来制成有机肥料，提供作物养分，培肥地力，也防止有机废弃物污染环境。

由于垃圾中含有重金属、病菌，有些来源的垃圾还含有放射性物质，所以垃圾农用必须进行筛选和无害化处理，重金属、病菌、寄生虫、杂物等的数量均需符合国家农业行业标准 NY/T 2410—2013《有机水稻生产质量控制技术规范》的标准规定。

废弃物垃圾积制有机肥料，由于垃圾成分复杂虽经多阶段的处理加工，所生产的垃圾有机肥料不可避免还含有不利于人类健康的有害物质，且养分含量低，在有机水稻上需谨慎施用。

### （四）适用有机肥料积制的无害化处理

大型畜牧场和家禽场，因粪便较多，可采用工厂化无害化处理。主要是先把粪便收集集中，然后进行脱水，使水分含量达到 20%~30%。然后把脱过水的粪便输送到一个专门蒸汽消毒房内，蒸汽消毒房的温度不能太高，一般为 80~100℃。温度太高易使养分分解损失。肥料在消毒房内不断运转，经 20~30 分钟消毒，杀死全部的虫卵、杂草种子及有害的病菌等。消毒房内装有脱臭塔除臭，臭气通过塔内排出。然后将脱臭和消毒的粪便，配上必要的天然矿物，如磷矿粉、白云石和云母粉等，进行造粒，再烘干，即成有机肥料。其工艺流程如下：粪便集中—脱水—消毒—除臭—配方搅拌—造粒—烘干—过筛—包装—入库。总之，通过有机肥的无害化处理，可以达到降解有机污染物和生物污染的目的。

## 五、有机水稻生产中允许使用的粪肥、绿肥、饼肥肥效含量

俗话说"庄稼一枝花，全靠肥当家"，有机水稻生产更是如此。那么，有机水稻生产单位在现实中广泛使用的有机认证标准允许的相关粪肥（沤制）、绿肥、饼肥等，其肥效中的氮、磷、钾三要素含量又知道多少呢？这对因地制宜并有的放矢的使用非常重要。据有关科研和测定表明粪肥、绿肥、饼肥、具有如下特点。

（1）粪肥是常用的有机肥之一，其肥效好，有机质高，不过也需根据土壤及粪肥的特质不同区别使用。根据粪肥特质而言，羊粪适合施用于各类土壤和各种作物，它充分腐熟后可作基肥、追肥。牛粪腐熟缓慢，肥效迟缓，发酵温度低，属冷性肥料，充分腐熟后的牛粪一般只作基肥，改良土质效果比较好。猪粪属温性肥料，养分含量丰富，钾含量在农家肥中最高，氮、磷含量仅次于羊粪，充分腐熟后的猪粪可作基肥、追肥。鸡鸭粪中有机质含量在 25% 左右，属热性粪肥，发酵产热多，施用在土层深厚、土壤盐离子浓度较低的壤土地上效果较好。但鸡鸭粪很容易诱发地下害虫，且须经充分腐熟后才能施用。鸡鸭粪充分腐熟后作基肥和追肥均可。

（2）绿肥、饼肥相较于粪肥而言，较为清洁，也无异味，是较为理想的肥料。可以作为绿肥的植物有紫云英、大豆、苜蓿、三叶草、黑麦、黑麦草、草木樨、小麦、荞麦、野豌豆、燕麦、紫草、豇豆、大麦等，当收割后，这些植物的秸秆翻入土内，便成为肥料。

（3）饼肥，是指麻酱渣、豆饼、花生饼、棉籽饼、菜籽饼等，它们含有大量的氮、磷、钾，肥效甚至高于粪肥。虽然同样来自植物，绿肥和饼肥肥效却相差很大。根据肥效分析显示，大豆、花生饼肥的含氮量为6.32%~7%，钾含量为1.34%~2.13%，而蚕豆、豌豆绿肥的含氮量为0.51%~0.55%，含钾量为0.45%~0.52%（表2-1）。

一般而言，饼肥应沤制后使用，用于追肥或者基肥，但饼肥不宜在播种育秧时使用，在土壤分解时会产生各种有机酸，对种子发芽以及幼苗生长不利。而绿肥，可以为土壤提供覆盖物，减少水分蒸发，防止水土流失。绿肥植物长大后，翻耕到地里，是极好的肥料，还可以切碎后加入粪肥或马尿作堆肥。

表2-1 有机水稻生产中允许使用的粪肥、绿肥、饼肥肥效含量参考

| 类 别 | 肥料名称 | 三要素含量（%） | | |
|---|---|---|---|---|
| | | 氮（N） | 磷（$P_2O_5$） | 钾（$K_2O$） |
| 粪 肥 | 猪粪 | 0.56 | 0.4 | 0.44 |
| | 牛粪 | 0.32 | 0.25 | 0.15 |
| | 马粪 | 0.55 | 0.3 | 0.24 |
| | 羊粪 | 0.65 | 0.5 | 0.25 |
| | 鸡粪 | 1.63 | 1.54 | 0.85 |
| | 鸭粪 | 1.1 | 1.4 | 0.62 |
| | 鹅粪 | 0.55 | 0.5 | 0.95 |
| | 蚕粪 | 2.2~3.5 | 0.5~0.75 | 2.4~3.4 |
| 绿 肥 | 蚕豆 | 0.55 | 0.12 | 0.45 |
| | 豌豆 | 0.51 | 0.15 | 0.52 |
| | 绿豆 | 0.52 | 0.12 | 0.93 |
| | 野草 | 0.54 | 0.15 | 0.46 |
| 饼 肥 | 花生饼 | 6.32 | 1.17 | 1.34 |
| | 芝麻饼 | 5.8 | 3 | 1.3 |
| | 菜子饼 | 4.6 | 2.48 | 1.4 |
| | 茶子饼 | 1.11 | 0.37 | 1.23 |
| | 大豆饼 | 7 | 2.13 | 2.13 |

资料来源：摘自2015年3月《每日商报》

# 第三章 有机水稻生产的稻田土壤管理

有机水稻生产，稻田的土壤涉及肥力、有机质、pH 值和相关理化指标等本底值，其与土壤培肥与施肥技术的应用关系紧密。因此，加强对稻田土壤的管理非常重要。

## 一、有机水稻产地的稻田土壤类型

稻田土壤是经过人为水耕熟化、淹水种稻而形成的耕作土壤。这种土壤由于长期处于水淹的缺氧状态，土壤中的氧化铁被还原成易溶于水的氧化亚铁，并随水在土壤中移动，当土壤排水后或受稻根的影响氧化亚铁又被氧化成氧化铁沉淀，土壤下层较为黏重。

水稻土在中国分布很广，占全国耕地面积的 1/5，水稻土主要分布在秦岭—淮河一线以南的平原、河谷之中，尤以长江中下游平原最为集中，其中以江苏建湖一带为典型土质。水稻土是在人类生产活动中形成的一种特殊土壤，是一种重要的土地资源，它以种植水稻为主，也可种植小麦、棉花、油菜等旱作作物。

中国第二次全国土壤普查分类系统，将水稻土分为淹育、渗育、潴育、潜育等亚类。另又根据其母土的表现特点分为脱潜、漂洗、盐碱、咸酸等亚类。

淹育型分布在丘陵岗地坡麓及沟谷上部，不受地下水影响，水源不足，周年淹水时间短，有耕作层，犁底层已初步形成，为幼年型水稻土。

渗育型主要分布在平原中地势较高地区，及丘陵缓坡地上，受地面季节性灌水影响。或种稻时间短的旱改水地区。渗育层厚度在 20 厘米以上，棱块状结构，有铁锰物质淀积。

潴育型分布于平原及丘陵沟谷中、下部，种稻历史长，排灌条件好，受地面灌溉水及地下水影响，下部有明显水耕淀积层，厚度大于 20 厘米，该层棱块或棱柱状结构发育良好，有橘红色铁锈及铁锰结核等，特别是 $Fe^{2+}$ 与有机质形成络合态铁，并氧化为红色沉淀态络合铁，分布于结构体表面，与其他层相比，铁的活化度低，晶胶率高，盐基饱和度也高。

潜育型分布在平原洼地、丘陵河谷下部低洼积水处，地下水位高，或接近地表，上层较浅处有明显青灰色的潜育层。该层活性铁高，铁的晶胶率小于1。

脱潜型主要分布于河湖平原及丘陵河谷下部地段，经兴修水利，改善排水条件，地下水位降低，原来犁底层下的潜育层变成脱潜层，该层在青灰色土体内出现铁锰锈斑，活性铁减少，铁的晶胶率却成倍增加。

漂洗型主要分布在地形倾斜明显，土体中有一不透水层，并受侧渗水影响的地段。上层40~60厘米处出现灰白色的漂洗层，厚度大于20厘米，粉沙含量高，黏粒及铁锰均比上层、下层低。

中国目前种植有机水稻的地区已达28个省份，主要分布于东北平原地带、长江流域平原与丘陵地带，以及西南地区丘陵地带。这些产地的稻田土壤均兼有上述的水稻土类型。

盐渍型分布在盐渍土地区。它是在盐渍化土壤上，开垦种植水稻后形成的。土体构型一般同淹育型水稻土，但表层可溶性盐含量高，都大于1克/千克，有盐渍化现象，对水稻生育有一定影响。

咸酸型分布在广东省、广西[①]、福建省和海南省的局部滨海地区，即在酸性硫酸盐土上发育的水稻土。红树林埋藏的草炭层含硫量高达23克/千克。这些含硫有机物氧化为硫酸。一般将这种土壤围垦种植水稻而成为咸酸田。

## 二、土壤肥力的概念

土壤肥力是土壤在植物生长发育的全过程中，同时而又不断地供应和协调植物需要的水（水分）、肥（养分）、气（空气）、热（热量）等生活条件的来源，它是土壤的本质特征，土壤肥力的高低是水、肥、气、热四大肥力因素的综合表现。

---

① 广西壮族自治区，全书简称广西

# 三、土壤有机质的含义

土壤有机质是指存在于土壤中的所含碳的有机物质，包括各种动植物的残体、微生物体及其分解和合成的各种有机质。

土壤有机质是土壤固相部分的重要组成成分，尽管土壤有机质的含量只占土壤总量的很小一部分，但它对土壤形成、土壤肥力、环境保护及农林业可持续发展等方面都有着极其重要作用的意义。

土壤有机质是土壤中各种营养特别是氮、磷的重要来源。它还含有刺激植物生长的胡敏酸等物质。由于它具有胶体特征，能吸附较多的阳离子，因而使土壤具有保肥力和缓冲性。它还能使土壤疏松和形成结构，从而可改善土壤的物理性状。它也是土壤微生物必不可少的碳源和能源。因此，除低洼地土壤外，一般来说，土壤有机质含量的多少，是土壤肥力高低的一个重要指标。

华北地区不同肥力等级的土壤有机质含量约为：高肥力地>15.0克/千克，中等肥力地 10.0~14.0 克/千克，低肥力地 5.0~10.0 克/千克，薄沙地<5.0 克/千克。

南方水稻土肥力高低与有机质含量也有密切关系。据浙江省农业科学院土壤肥料研究所水稻高产土壤研究组报道，浙江省高产水稻土的有机质含量大部分为 23.6~48 克/千克，均较其邻近的一般田高。上海郊区高产水稻土的有机质含量也在 25.0~40 千克。

中国东北地区雨水充足，有利于植物生长，而气温较低，有利于土壤有机质的积累。因此，东北的黑土有机质含量高达 40~50 克/千克以上。由此向西北，雨水减少，植物生长量逐年减少，土壤有机质含量亦逐渐减少，如栗钙土为 20~30 克/千克，棕钙土为 20 克/千克左右，灰钙土只有 10~20 克/千克。向南雨水多、温度高，虽然植物生长茂盛，但土壤中有机质的分解作用增强，黄壤和红壤有机质含量一般为 20~30 克/千克。对耕作土壤来讲，人为的耕作活动则起着更重要的影响。因此，在同一地区耕种土壤有机质含量比未耕种土壤要低得多。影响土壤有机质含量的另一重要因素是土壤质地，沙土有机质含量低于黏土。

## 四、种植有机水稻的稻田土壤基本条件

适宜种植有机水稻的稻田土壤应具有以下的基础条件。

### （一） 良好的土体构型

一般要求其耕作层超过 20 厘米以上，因为水稻的根系 80% 集中于耕作层；其次是有良好发育的犁底层，厚 5~7 厘米，以利托水托肥。心土层应该是垂直节理明显，利于水分下渗和处于氧化状态。地下水位以在 80~100 厘米以下为宜，以保证土体的水分浸润和通气状况。

### （二） 适量的有机质和较高的土壤养分含量

一般土壤有机质以 20~50 克/千克为宜，过高或过低均不利水稻生育。水稻生育所需氮磷的 60%~80%，钾的全部都来自土壤，因此肥沃水稻土必须有较高的养分贮量和供应强度，前者决定于土壤养分，特别是有机质的含量；后者决定于土壤的通气和氧化程度。

### （三） 适当的渗漏量和适宜的地下水位

即水稻土必须有适当的渗漏量，如日渗漏量在北方水稻土宜为 10 毫米/天左右。利于氧气随渗漏水带入土壤中。渗漏量过高，土壤漏水，不仅浪费水，养分也随之流失，过小则渗水缓慢，发生囊水现象，土壤通气不良。适宜的地下水位是保证适宜渗漏量和适宜通气状况的重要条件。

### （四） 有机稻田的土壤 pH 值

有机稻田土壤 pH 值对水稻养分的有效性、土壤结构性和水稻生长都有很大的关系。首先，土壤中的有机态养分要经土壤微生物参与活动，才能使之转化为速效态养分供水稻吸收，而参与有机质分解的微生物大多数在接近中性的环境下生长发育，因此土壤养分的有效性一般以接近中性反应时为最佳。其次，土壤 pH 值对土壤结构性也有影响。酸性土壤中，氢离子浓度大，容易把胶体中 钙离子代换出来淋失，故酸性土易板结。而碱性土壤含有大量代换性钠离子和氢氧离子，使土粒分散，干后板结，造成碱土的结构性不良。土壤 pH 值与水稻生长也有很密切关系。自然界

里，各种植物只能在某一特定的酸碱范围内生长，水稻最佳的土壤酸碱生长范围是 pH 值 6.0~7.0，有机水稻生产上可以因地制宜地调节土壤 pH 值到合适的范围。

有机稻田若是酸性土壤，可每年每亩施入适量（20~50 千克/亩）的石灰调节，并施足农家肥；也可施贝壳灰、草木灰中和土壤酸性，调节土壤的水肥状况。若是碱性土壤，通常每亩用适量石膏（30~50 千克）作为基肥施入；土壤碱性过高时，可加少量硫黄粉、腐殖酸肥等以调节土壤 pH 值。

## 五、生产有机水稻稻田的土壤管理措施

土壤是有机农业生态系统的核心，有了健康的土壤才会有健康的植物。有机水稻生产中的土肥管理理念与常规水稻生产有根本区别。常规水稻是通过使用易溶的化学肥料直接提供养分，而有机水稻生产是通过土壤生物分解有机质间接地给水稻提供养分。因此，有机水稻生产要求对稻田的土壤管理做好三项措施。

一是加强对肥料使用的管理。首先，采取农业的农艺措施来维持和提高土壤肥力，比如种植绿肥、豆科作物或土地休耕进行土壤肥力的恢复。其次，施用的有机肥料应尽可能地来自本有机生产单元，要尽可能地将系统内的所有有机物质归还土壤。可发展有机生产体系内的养殖业等，促进农场内部养分的循环利用。如果不是来自本有机生产单元的，也应优先选择来自其他有机生产单元的有机肥，或 GB/T 19630.1《有机产品 第 1 部分：生产》附录 A 表 A.1 所列出的有机生产中允许使用的土壤培肥和改良物质，或 NY/T 2410《有机水稻生产质量控制技术规范》附录 A 所列出的物质。最后，农家堆肥的原料选用、沤制方法、有毒有害物质应符合 GB/T 19630.1《有机产品 第 1 部分：生产》附录 C 的要求。外购的商品肥，天然矿物肥、生物肥应符合 GB/T 19630.1《有机产品 第 1 部分：生产》规定或通过有机认证或经认证机构许可。有机肥、矿物肥的施用要掌握好施肥量，避免造成稻田土壤中重金属积累及产地环境污染。

二是加强对产地周边观察。对产地周边水系，大气污染的监视和观察，是否存在对稻田土壤的污染影响。

三是定期对稻田土壤开展取样检测，包括土壤质量、土壤有机质、土

壤肥力和土壤 pH 值等。

## 六、有机水稻生产区域的水土保持措施

水土保持是为防治水土流失，保护、改良与合理利用水土资源，改善生态环境所采取的工程、植物和耕作等技术措施与管理措施的总称。水土保持应该是建立人与自然和谐共处的良好生态环境，合理利用水土资源，维护和提高土地生产力，维持农业的可持续发展。以利于充分发挥水土资源的经济效益和社会效益。

有机水稻生产区域要做好水土保持，应该做到位以下几方面工作。

（1）灌排分离。区域内做到土地平整，道路通畅，沟渠配套，排灌分离。

（2）植树种草，增加植被覆盖率，保护生物多样性。

（3）合理轮作，种植绿肥，改良土壤，增强土壤有机质，提高土壤蓄水保肥能力。

（4）提高水资源利用率。采取节水少耕、精量施肥等栽培技术提高水资源利用率，减少稻田排水对环境的影响。

（5）抗灾保水土。配备相应的排涝、防旱、防台风等设备器具，以利抗灾保水土。

## 七、有机稻田种植茬数对土壤的影响

有机水稻种植为什么需控制茬数？要回答这个问题，首先需要了解一下耕地"复种指数"这个概念。复种指数是指一年内在同一地块耕地面积上种植农作物的平均茬数，即年内耕地上农作物总播种面积与耕地面积之比。计算公式为：复种指数（%）＝全年播种（或移栽）作物的总面积÷耕地总面积×100。我国耕地的复种指数很高，平均达155%左右，长江以南在200%以上。我国人口多、耕地少，因地制宜提高复种指数，是充分利用耕地潜力、扩大作物播种面积，提高农作物总产量的有效途径。

但复种指数的高低受自然条件、物质条件、社会因素等多方面的制约。过高的复种指数也不利于土壤肥力的恢复，导致土地质量的下降，不利于农业的可持续发展。有机水稻生产不仅同样面临这些问题，还要受有

机水稻生产技术要求的制约。

首先，热量（有效积温）是决定有机稻田种植茬数的先决条件。水稻属喜温好湿的短日照作物，在中国，无霜期>180 天、≥10℃积温在3 600℃以上地区，可以种一茬水稻，加上冬季作物可实行一年两熟；无霜期>230 天、≥10℃积温在 5 000℃以上地区，可以种二茬水稻和实行稻田三熟；≥10℃积温在 7 000℃以上的地方可以种三茬水稻，只有海南省以南地区可以实现。

其次，肥料是有机稻田种植茬数的主要限制因素。水稻是一种需肥量较大的作物，每生产 100 千克稻谷需要吸收氮素 2.0～2.4 千克，五氧化二磷 0.9～1.4 千克，氧化钾 2.5～2.9 千克。有机农业不能使用化学肥料；强调用地养地相结合、可持续发展；强调有机生产单元内养份的循环利用、尽可能减少外部物质投入。若一年种植二茬以上水稻或粮食作物会消耗大量土壤养分，导致土壤肥力的下降；施用大量外源有机肥料来保持土壤养分平衡，这都不符合有机农业原则。有机生产相关标准要求对于一年可种植二茬以上作物的有机水稻生产单元内应安排休耕或种植绿肥、豆科等作物，以保持土壤养分平衡。

再次，水也是有机稻田种植茬数的限制因素。水稻是一种需水量很大的作物，水稻一生从种到收每亩需水 350～450 吨，而且有机水稻对水源及水利设施都有特殊要求。在水资源不足，水利设施不完善的地区，更需要严格控制水稻种植茬数。

最后，有机稻田种植茬数还受劳动力等条件的制约。有机水稻生产需要较多的劳动力投入，在机械化程度较低而农业劳力又不足的地区，过高的种植茬数会导致过高的劳动力成本，或因劳动力不足影响作业进度、影响后茬作物生产。这都将影响全年的产量及经济效益。

因此，有机稻田的种植茬数应根据当地的自然条件和生产条件，确定可能的复种程度，选择适宜的作物合理搭配轮作。既要遵循有机农业基本原则，满足有机水稻的生产需求，又要充分发挥当地资源的优势，以获得最大经济效益。所以，NY/T 2410—2013《有机水稻生产质量控制技术规范》5.2.2 对种植茬数作了相应要求，即"有机生产单元内一年种植一茬水稻或二茬以上作物的，应在稻田生产体系中因地制宜安排休耕或种植绿肥、豆科等作物""在农业措施不足以维持土壤肥力和不利于作物健康生长条件下，不宜在同一有机生产单元一年种植三茬水稻。"

## 八、有机稻田轮作或休耕对土壤的作用

轮作是指在同一块田地上，有顺序地在季节间或年间轮换种植不同的作物或复种组合的一种种植方式。

农业的本质，是永续地利用土地进行作物生产。永续性农业的根本是增进和维持地力，增进地力的根本途径是增加腐殖质和改良土壤。轮作是用地养地相结合的一种重要生物学措施。中国早在西汉时就实行休闲轮作，北魏《齐民要术》中有"谷田必须岁易""麻欲得良田，不用故墟""凡谷田，绿豆、小豆底为上，麻、黍、故麻次之，芜菁、大豆为下"等记载，已指出了作物轮作的必要性，并记述了当时的轮作顺序。长期以来我国水稻田主要依靠实行与旱地作物（玉米、小麦）、油料作物（大豆、油菜）、绿肥作物（紫云英、苜蓿）等的轮作来维持稻田地力，进行可持续生产。

GB/T 19630.1—20011《有机产品　第 1 部分：生产》中 5.6.1 要求"一年生植物应进行三种以上作物轮作，一年种植多季水稻的地区可以采取两种作物轮作，冬季休耕的地区可不进行轮作。轮作植物包括但不限于种植豆科植物、绿肥、覆盖植物等"。NY/T 2410—2013《有机水稻生产质量控制技术规范》标准要求"一年种植二茬水稻的有机生产单元可以采取两种及以上作物的轮作栽培；冬季休耕的有机水稻生产单元可不进行轮作。"这两个有机标准之所以都强调稻田轮作并提出具体要求，是由于轮作在有机水稻生产中具有如下重要的作用。

（1）创造恶化病虫的生存条件，以防治病虫害。水稻的许多病虫害都通过土壤侵染传播。如将水稻与非寄主作物实行轮作，便可消灭或减少病虫在土壤中的数量，减轻病虫害。

（2）有利于均衡地利用土壤养分。各种作物从土壤中吸收各种养分的数量和比例各不相同。如水稻对氮和硅的吸收量较多，而对钙的吸收量较少；豆科作物吸收大量的钙，而吸收硅的数量极少。因此，两类作物轮换种植，可有效改善稻田生态，保证土壤养分的均衡利用，避免其片面消耗。

（3）改善土壤理化性状，调节土壤肥力。水稻和深根作物轮作，深根作物可以利用土壤深层的养分，并把深层养分吸收转移上来，残留在根

系密集的耕作层。水稻和豆科作物轮作可借根瘤菌的固氮作用，补充土壤氮素；水旱轮作还可改良土壤的生态环境，增加水田土壤的非毛管孔隙，提高氧化还原电位，有利土壤通气和有机质分解，消除土壤中的有毒物质，防止土壤次生潜育化过程，并可促进土壤有益微生物的繁殖。

（4）改变稻田生态环境，增加生态和生物多样性，以吸引相应的天敌，也有利于稻田病虫害的控制。

## 九、生产有机水稻稻田客土育秧的管理措施

育秧土对有机水稻秧苗至关重要。按照 GB/T 19630.1—2011《有机产品 第 1 部分：生产》中 5.5.3 要求：应采取有机生产方式培育一年生植物的种苗。有机水稻的秧苗培育也一样，必须严格按国家标准中的要求进行。应首选在获得认证的生产有机水稻的田块中进行育秧。如果考虑到其土壤肥力不足或往年的病虫害等原因对育秧不利，则须选择常规地块的土壤进行育秧，那么第一要考虑的是常规地块的种植历史，是否有风险？如以前常规地块中曾使用过的农药和肥料等投入品，是否存在化学物质残留超标并会给秧苗带来风险。第二应考虑尽量选择自留菜地的土壤，土中有机质含量高，土壤安全性能强，而且是旱地，对水稻育秧较为有利，其病虫害发生概率会低。

若选用来自常规地块的土壤，在水稻育秧前，应先进行物理杀菌、杀虫和杀杂草，如高温暴晒等措施。水稻育秧过程中投入符合有机产品标准的有机肥进行拌土，一次性充足投入并拌匀，确保水稻育秧过程中有充足的营养，保证壮苗。

## 十、有机水稻收获后的稻田土壤处理措施

有机水稻收获后，须尽快对土壤进行处理，特别在东北地区，时间晚了，就会产生冻土。有机稻田的土壤处理方式主为耕翻晒田，冬季冻垡，以灭杀土壤中的病虫害。经试验，冬季前土壤翻耕与不翻耕相比，翻耕的病害发生概率减少 50%，虫害发生概率减少 60% 以上。

水稻秋收后，地里残留着一些水稻秸秆，土壤中蓄积的水分也比较多，此时翻耕土壤，不仅能把水稻秸秆埋入耕作层以下，还可以减轻来年

的草荒。秋收后翻耕土壤，经过一个冬季长时间的日晒，可以把翻上来的底土风化，加厚活土层，改良土壤理化性质，增加养分，提高肥力，所以农谚说："秋翻深一寸，顶上一茬粪。"

秋收后翻耕土壤，要在秸秆拉净后到封冻前这段时间进行，翻耕的深度，要根据土壤性质和肥力情况而有所区别。黑土层较厚的地块、有机物质含量多、土壤肥力也较高，翻上来的生土很容易熟化，可以适当深翻，以30~40厘米为宜；黑土层较薄的地块、有机物质含量少、土壤肥力也较低，翻上来的生土熟化就比较慢，要适当浅翻，以20~30厘米为好。沙质土壤孔隙度大、透气性好，翻耕的深度就要浅些；对于盐碱地，表土含盐碱比底土多的地块，可以适当地深翻；表土含盐碱比底土少的地块，则要适当浅翻。

水稻秋收后翻耕土壤时，若能与秋施农家肥结合进行更好。由于近年来农田中有机物质含量降低，土壤物理性状较差，通气性不好，容易造成土壤板结。秋收后翻耕土壤时，结合秋施农家肥，既可以增加土壤有机物质的含量，改良土壤的结构，又能促进土壤中微生物的活动与繁殖，使土壤肥土相融，培肥土壤，提高地力，为翌年春耕播种，提供了有利的条件。

# 十一、有机水稻生产稻田土壤对农药残留和重金属含量的要求

## （一）土壤中的农药残留

土壤中农药残留，主要是直接喷洒的农药，除部分着落于作物上或漂移至附近农田外，大部分落入土壤中。土壤杀虫剂、杀菌剂、除草剂则是直接施入土壤中。在土壤中连年使用某种农药，虽然土壤中农药的残留一般不会直接引起人们中毒，但它是农药的储存库和污染源。土壤中的农药可被作物继续吸收，可蒸发逸入大气，亦可经雨水或灌溉水流入河流和渗入地下水中，残留期长的"六六六"可被水稻等作物等吸收，均三氮苯类除草剂在土壤中的残留期很长，上茬作物使用的除草剂，对下茬作物仍有药害。"六六六""滴滴涕"等脂溶性强、持久性杀虫剂停止使用后，以非持久性杀虫剂取代，又引起了新的问题，其中最主要是它们在水中的

溶解度大，易被雨水淋溶而污染地下水，如涕灭威、克百威、莠去津、甲草胺、二溴乙烷、二溴氯丙烷、乐果等在地下水中都有检出，有的地区地下水温低，微生物活动弱，进入地下水的涕灭威需 2~3 年才降解一半。此外，有机磷农药如甲胺磷、氧化乐果、甲基对硫磷、马拉硫磷等，虽然在理论上都已经被禁止使用 10 年多了，但那些余毒在土壤中至少要有 20~30 年才有可能失效。这就是我国土壤质量检测项目中为什么还有这些农药残留检测的理由。有机稻田绝大部分是由常规稻田转换而种植，同样也不例外。因此，国家标准 GB 15681 对农田土壤的农药残留有明确的限量要求（详见本书附录 1 表）。

## （二）土壤中的重金属

土壤重金属系指密度 4.0 以上约 60 种元素或密度在 5.0 以上的 45 种元素。但是由于不同的重金属在土壤中的毒性差别很大，所以在环境科学中人们通常关注锌、铜、钴、镍、锡、钒、汞、镉、铅、铬、钴等。砷、硒是非金属，但是它的毒性及某些性质与重金属相似，所以将砷、硒列入重金属污染物范围内。由于土壤中铁和锰含量较高，因而一般不太注意它们的污染问题，但在强还原条件下，铁和锰所引起的毒害亦应引起足够的重视。

土壤重金属污染是指由于人类活动将重金属带入到土壤中，致使土壤中重金属含量明显高于背景含量、并可能造成现存的或潜在的土壤质量退化、生态与环境恶化的现象。

但是土壤本身含有一定量的重金属元素，如植物生长所必需的锰、铜、锌等。因此，只有当叠加进入土壤的重金属元素累积的浓度超过了作物需要和忍受程度，作物才表现出受毒害症状，或作物生长并未受害，但产品中某种金属的含量超过标准，造成对人畜的危害时，才能认为土壤已被重金属污染。重金属污染主要来自工业"三废"、城市及工矿区附近的污灌水。

除了工业"三废"等引起重金属污染外，肥料中重金属元素也是重金属的污染源。尤其磷肥含有多种有害重金属，施入农田中的磷肥将这些有害物质带入土壤环境中，对作物产生毒害的同时，通过食物链对人畜产生危害。

磷肥中重金属镉是土壤环境中重要的污染元素。研究表明，无论是酸性土壤、微酸性土壤，还是石灰性土壤，随着进入土壤镉量的增加，作物吸收的镉量也增加。虽然目前还没有报道使用磷肥会造成土壤镉污染，但长期大量施用含重金属过量的磷肥，的确可使土壤中镉含量累积，可能比一般土壤高出几倍或几十倍，并存在潜在镉污染危害。因此，要求每年施用的磷肥进入土壤中的镉应控制在 1~4 克/公顷，按此标准，要求磷肥中镉浓度控制在 8.0 毫克/千克以下。

重金属的来源、种类，土壤重金属来源广泛，主要包括有大气降尘、污水灌溉、工业废弃物得不当堆置、矿业活动、农药和化肥等。

## （三）有机稻田的土壤环境质量要求

按照 GB/T 19630.1—2011《有机产品 第1部分：生产》中 5.3 的要求，有机稻田的土壤环境质量符合 GB 15618《土壤环境质量标准》中的二级标准，具体数值，可以参照表 3-1。我们在进行有机水稻基地选择时，应参考上述相关因素。同时在有机水稻生产过程中，特别关注有机生产的投入品，如有机肥、有机产品允许使用的磷矿粉。农药残留，要关注以前的地块历史，以前土地管理情况，种植情况和投入品使用情况，确保有机水稻基地土壤不会有显著的农药残留，确保有机水稻生产的安全。

表 3-1　土壤环境质量标准值简表　　　　（单位：毫克/千克）

| 土壤项目 | 一级土壤 | 二级土壤 | | | 三级土壤 |
|---|---|---|---|---|---|
| | 自然背景 | pH 值 <6.5 | pH 值 6.5~7.5 | pH 值 >7.5 | pH 值 >6.5 |
| 镉 ≤ | 0.20 | 0.30 | 0.30 | 0.60 | 1.0 |
| 汞 ≤ | 0.15 | 0.30 | 0.50 | 1.0 | 1.5 |
| 砷（水田）≤ | 15 | 30 | 25 | 20 | 30 |
| 砷（旱地）≤ | 15 | 40 | 30 | 25 | 40 |
| 铜（农田等）≤ | 35 | 50 | 100 | 100 | 400 |
| 铜（果园）≤ | — | 150 | 200 | 200 | 400 |
| 铅 ≤ | 35 | 250 | 300 | 350 | 500 |
| 铬（水田）≤ | 90 | 250 | 300 | 350 | 400 |
| 铬（旱地）≤ | 90 | 150 | 200 | 250 | 300 |
| 锌 ≤ | 100 | 200 | 250 | 300 | 500 |
| 镍 ≤ | 40 | 40 | 50 | 60 | 200 |

（续表）

| 土壤项目 | 一级土壤 | 二级土壤 | | | 三级土壤 |
|---|---|---|---|---|---|
| | 自然背景 | pH 值 <6.5 | pH 值 6.5~7.5 | pH 值 >7.5 | pH 值 >6.5 |
| 六六六 ≤ | 0.05 | 0.50 | | | 1.0 |
| 滴滴涕 ≤ | 0.05 | 0.50 | | | 1.0 |

数据来源：GB 15618《土壤环境质量标准》

# 第四章　有机水稻生产的稻田培肥方式

实施"以内优先，以外补充"的有机农业生产土壤的培肥方式，是有机水稻生产普遍采用的做法。因此，有机水稻生产单位需要充分了解并理解这种方式的重要性。

## 一、有机水稻生产稻田培肥的含义

有机水稻生产稻田培肥，是一项综合考虑肥料、作物、土壤等各种因素，统筹规划，用地养地相结合，最终获得优质、高产和安全有机稻谷产品。同时又是保持土壤肥力持久性的有机农业生产措施。

适用有机肥在土壤中分解，转化形成各种腐殖酸物质，能促进植物体内的酶活性、物质的合成、运输和积累。腐殖酸是一种高分子物质，阳离子代换量高，具有很好的络合吸附性能，对重金属离子有很好的络合吸附作用，能有效地减轻重金属离子对作物的毒害，并阻止其进入植株中。有机肥料的应用，不仅能增加土壤有机质含量提升土壤肥力，而且对生产无污染的安全、卫生的健康食品十分有利。

土壤是农业生态系统的核心，有了健康的土壤才会有健康的植物，有机水稻生产中的土肥管理理念与常规水稻生产有根本区别。常规水稻是通过使用易溶的化学肥料直接提供养分，而有机水稻生产是通过土壤生物分解有机质间接地给水稻提供养分。因此，有机水稻生产要求首先采取农艺措施来维持和提高土壤肥力，比如种植绿肥、豆科作物或土地休耕进行土壤肥力的恢复，因此，实施包括绿肥、豆科作物在内的轮作是有机水稻生产补充氮源的重要手段，也是有机水稻稻田培肥的主要措施。

## 二、有机水稻生长的需肥量

水稻是一种需肥量较大的作物，每生产100千克稻谷需要吸收氮素2.0~2.4千克、五氧化二磷0.9~1.4千克、氧化钾2.5~2.9千克。中国有机水稻绝大部分一年种植一季，产量水平在300~400千克/亩，则原则上每亩需吸收氮素6.0~9.6千克、五氧化二磷2.7~5.6千克、氧化钾7.5~11.6千克。因全国不同稻区土壤肥力差异较大，植株生长水平和产量贡献也有较大差异，因此有机水稻生产中需肥量也不尽相同。但总体来看，各地有机水稻生产基地施用自制农家肥的量在稻草秸秆还田或稻田养鸭基础上亩增施1 000~1 500千克为宜。若没有采用培肥措施的，则应根据土壤本身的肥力状况加大施肥量。如属种植双季有机水稻的，其需肥量需因地制宜加大施用量。另外，选用经有机产品认证机构评估许可的商品类有机肥、商品类微生物菌肥等，则应根据稻田土壤的自身肥力状况酌情考虑。

## 三、生产有机水稻稻田主要培肥方式

### （一）优先建立有机内循环使用体系的方式

有机水稻生产者应因地制宜建立尽可能完善的土壤营养物质循环体系，制订切实可行的土壤培肥计划，通过有机系统内自身获得养分和提高土壤肥力，以维持土壤营养平衡和生物有效性，将有机生产基地内种植绿肥和豆科作物作为主要肥源，提倡稻草还田，补充施用积制农家肥及符合标准要求的商品类有机肥。

### （二）使用内循环体系的多元操作方式

土壤持续培肥是有机水稻生产可持续发展的关键。在强调主要依靠有机生产体系内的回收、再生和补充获得土壤养分，物质内循环利用的同时，还有以下主要培肥的操作方式与措施。

（1）种植绿肥：种植紫云英、苜蓿、田菁、豆类、绿萍等绿肥作物。

（2）自制有机肥的施用：增施农家肥、堆肥、沼气肥等有机肥。

（3）种养结合：稻田养鸭/鱼/蟹/虾/蛙等种养结合的方式。

（4）秸秆还田：秸秆的直接还田、腐熟还田、过腹还田等。

（5）间套轮作：与蔬菜、油菜、牧草、玉米、大豆等轮作。

（6）冬季休耕：主要有冬耕晒垡和用养结合模式。

## （三）补充使用商品类肥料的方式

在优先和多元使用有机生产内循环体系培肥物质仍不足以满足有机水稻生长各阶段营养需求的情况下，则需采用外购适用商品类肥料作为补充的方式，以适应有机水稻生长上需要。这种补充的培肥方式主要有以下几种（可组合）。

（1）选购适用的土壤调理剂类物质，以调节稻田土壤理化机理。

（2）选购适用的微生物菌剂或菌肥，以满足自制农家堆（沤）制有机肥需要和调节稻田土壤的微生物有益菌群之需。

（3）选购适用的饼粕肥，以补充有机水稻生长中的追肥之需。

（4）选购适用的商品类有机肥，以补充作有机稻田基肥或追肥。

（5）选购适用的矿物肥，以补充有机水稻生产中的氮、磷、钾缺失。

（6）选购适用的植物源叶面肥，以补充有机水稻生长中的叶面营养元素需要。

## （四）培肥方式选用的原则

有机水稻生产强调应通过适当的耕作与栽培措施以维持和提高土壤肥力，包括回收、再生和补充土壤有机质和养分来补充因植物收获而从土壤带走的有机质和土壤养分，采用种植豆科植物、免耕或土地休闲等措施进行土壤肥力的恢复。当上述措施无法满足作物生长需求时，可施用农家肥或商品类有机肥。同时强调：一是应优先使用本生产单元或其他有机生产单元的自制有机肥；二是避免过度施用各类有机肥，以免造成环境污染；三是施用人粪尿时应充分腐熟和进行无害化处理且不得与可食用部分接触；四是为使堆肥充分腐熟，可以在堆制过程中添加来自自然界的微生物，但不应使用转基因生物及其产品。

# 四、主要农作物产量与养分吸收量

主要农作物产量与养分吸收量参见表4-1。

**表4-1　主要农作物产量与养分吸收量简表**　（单位：千克）

| 作　物 | 形成100千克经济产量所吸收的养分量 | | | |
| --- | --- | --- | --- | --- |
| | 收获物 | 氮（N） | 五氧化二磷（$P_2O_5$） | 氧化钾（$K_2O$） |
| 水　稻 | 籽粒 | 2.25 | 1.1 | 2.7 |
| 冬小麦 | 籽粒 | 3 | 1.25 | 2.5 |
| 春小麦 | 籽粒 | 3 | 1 | 2.5 |
| 大　麦 | 籽粒 | 2.7 | 0.9 | 2.2 |
| 玉　米 | 籽粒 | 2.57 | 0.86 | 2.14 |
| 谷　子 | 籽粒 | 2.5 | 1.25 | 1.75 |
| 高　粱 | 籽粒 | 2.6 | 1.3 | 1.3 |
| 甘　薯 | 鲜块根 | 0.35 | 0.18 | 0.55 |
| 马铃薯 | 鲜块根 | 0.5 | 0.2 | 1.06 |
| 大　豆 | 豆粒 | 7.2 | 1.8 | 4 |
| 豌　豆 | 豆粒 | 3.09 | 0.86 | 2.86 |
| 花　生 | 荚果 | 6.8 | 1.3 | 3.8 |
| 棉　花 | 籽棉 | 5 | 1.8 | 4 |
| 油　菜 | 菜籽 | 5.8 | 2.5 | 4.3 |
| 芝　麻 | 籽粒 | 8.23 | 2.07 | 4.41 |
| 烟　草 | 鲜叶 | 4.1 | 0.7 | 1.1 |
| 大　麻 | 纤维 | 8 | 2.3 | 5 |
| 甜　菜 | 块根 | 0.4 | 0.15 | 0.6 |
| 甘　蔗 | 茎 | 0.19 | 0.07 | 0.3 |
| 黄　瓜 | 果实 | 0.4 | 0.35 | 0.55 |
| 架芸豆 | 果实 | 0.81 | 0.23 | 0.68 |
| 茄　子 | 果实 | 0.3 | 0.1 | 0.4 |
| 番　茄 | 果实 | 0.45 | 0.5 | 0.5 |
| 胡萝卜 | 块根 | 0.31 | 0.1 | 0.5 |
| 萝　卜 | 块根 | 0.6 | 0.31 | 0.5 |

（续表）

| 作　物 | 形成 100 千克经济产量所吸收的养分量 | | | |
|---|---|---|---|---|
| | 收获物 | 氮（N） | 五氧化二磷（$P_2O_5$） | 氧化钾（$K_2O$） |
| 卷心菜 | 叶球 | 0.41 | 0.05 | 0.38 |
| 洋　葱 | 葱头 | 0.27 | 0.12 | 0.23 |
| 芹　菜 | 全株 | 0.16 | 0.08 | 0.42 |
| 菠　菜 | 全株 | 0.36 | 0.18 | 0.52 |
| 大　葱 | 全株 | 0.3 | 0.12 | 0.4 |
| 柑橘（温州蜜橘） | 果实 | 0.6 | 0.11 | 0.4 |
| 苹果（国光） | 果实 | 0.3 | 0.08 | 0.32 |
| 梨（廿世纪） | 果实 | 0.47 | 0.23 | 0.48 |
| 柿（富有） | 果实 | 0.59 | 0.14 | 0.54 |
| 葡萄（玫瑰露） | 果实 | 0.6 | 0.3 | 0.72 |
| 桃（白凤） | 果实 | 0.48 | 0.2 | 0.76 |

注：本表摘录于"新农资 360" 2017 年 4 月 12 日网络资料

# 第五章 有机水稻生产的科学 精准施肥技术应用

除了有机水稻生产的稻田培肥方式须力求综合的、多元的采用外，更重要的是须讲求有机水稻生产科学精准施肥技术的因地制宜应用。

## 一、"精准农业"的兴起

20世纪后半期世界农业的高速发展，除了依靠生物技术的进步和耕地面积、灌溉面积的扩大外，基本上是在化肥与农药等化学品和矿物能源的大量投入条件下获得的。但由此引起的水土流失、土壤肥力下降、地下水污染、水体富营养化等生态环境问题，已经引起了国际社会的广泛关注，并推动了农业可持续发展和精确农业理论的产生和发展。"精确农业"是"Precision Agriculture""Precision Farming""Site-specific Farming (Agriculture)"等名词的中译。精确农业是现代信息技术（RS, GIS, GPS）、作物栽培管理技术、农业工程装备技术等一系列高新技术的基础上发展起来的一种重要的现代农业生产形式和管理模式，其核心思想是获取农田小区作物产量和影响作物生产的环境因素（如土壤结构、土壤肥力、地形、气候、病虫草害等）实际存在的空间和时间差异信息，分析影响小区产量差异的原因，采取技术上可行，经济上有效的调控措施，改变传统农业大面积、大样本平均投入的资源浪费作法，对作物栽培管理实施定位，按需变量投入。"精准农业"包括精确播种，精确施肥，精确灌溉，精确收获这几个环节。而"精准农业"的兴起对合理施肥提出了新的理论和技术要求。从化肥的使用来看，化肥对粮食产量的贡献率占40%，然而即使化肥利用率高的国家，其有效氮的利用率也只有50%左右，有效磷的利用率30%左右，有效钾的利用率60%左右，肥料利用率低不仅使生产成本偏高，而且造成地下水和地表水污染、农产品硝酸盐含量过高等环境问题。总之，施肥与农业产量、产品品质、环境污染等问题密切相关。精确施肥理论及其技术应用将是解决这一问题的有效途径。

"土壤—作物—养分"间的关系十分复杂。虽然我们已确定了作物生长中必不可少的大量元素和微量元素，但作物需求养分的程度因植物的种类不同而有差别。即使是同一种作物，不同的生长期对各种养分的需求程度差别也很大。苗期是作物的"营养临界期"，虽然在养分数量方面要求不多，但是要求养分必须齐全和速效，而且数量足够。很多作物在营养"最大效率期"对某种养分需求数量最多，营养效果最好，同一作物不同养分的"最大效率期"不同，不同作物同一养分的"最大效率期"也不同。不同养分具有"养分不可替代性"，即作物的产量主要受最少养分含量那个养分所限制，而这个最少的养分不能被其他养分所代替。为消除"最小养分率"的限制，为取得良好的经济效益和环境效益，适应不同地区、不同作物、不同土壤和不同作物生长环境的需要，精准施肥是我们未来施肥的发展方向。

目前国内外的精确施肥研究，是通过 GPS 定位或导航实时实地分析，利用遥感（RS）技术和地面分析结合获得生长期作物养分丰缺情况，采集土壤数据和作物营养实时数据，再将不同空间单元的产量数据与其他多层数据（土壤理化性质、病虫草害、气候等）的叠合分析为依据，以作物生长模型、作物营养专家系统为支持，以高产、优质、环保为目的的变量处方施肥理论和技术。精确施肥是信息技术（RS，GIS，GPS）、生物技术、机械技术和化工技术的优化组合。按作物生长期可分为基肥精施和追肥精施，按施肥方式可分为耕施和撒施。按精施的时间性分为实时精施和时后精施。

## 二、对中国有机水稻生产的科学精准施肥技术的理解

当前，在中国的有机农业发展中，已有许多专家学者提出了要研究并建立有机农业生产的精准技术体系。现阶段中国有机水稻生产科学精准施肥的技术要素研究已经起步。一大批专家学者与企业家等共同联手，开展了相关探索与应用。

原农业部有机农业领域的学者郭春敏，于 2003 年就提出了中国有机农业发展应以生产技术的保障有效为目标，构建种养殖的技术应用体系。

原国家环保部南京环境科学研究所的有机产业学者席运官，近年来多次撰文提出"建立有机农业生产的精准技术体系"。中国水稻研究所从事有机水稻标准化生产研究的学者金连登、朱智伟等，于近年来多次提出了中国有机水稻生产已成为全国数量最多的有机种植产品，在进入有机3.0版发展新时期中，必须全面研究并推行有机水稻标准化生产的"十大关键技术与应用体系的构建"，引起了产业界的共鸣。

## （一）有机水稻科学精准施肥技术的含义

可从以下3个层面作理解并把握：第一，所称"科学"，是以现有相关标准为准绳，有机水稻生产者按照"优质、高产、生态、安全、营养、高效"的目标，在生产实践中实施因地制宜的有机水稻新型施肥技术；第二，所称"精准"，是根据生产使用的不同品种、区域、气候、地力因素、目标产量及品种状况，依据有机水稻生产中的需肥特性，对标准中许可的适用肥料施用，应讲求标准化的使用方式方法上的"精准"。严格按标准条款中要求做到"四适"：一是选准适用；二是施用适度；三是肥效适宜；四是污染适控。这既是有机水稻生产中施肥需把控的方向性要求，也是现实操作中需把控的关键点。第三，讲求有机水稻生产的科学精准施肥技术，是中国有机农业生产发展的方向及目标。有机水稻生产者应率先努力，根据不同的水稻品种、区域气候、地力条件和目标产量等要素，通过对应因地制宜原则，实行对适用肥料的精准选用、施肥的精准时间、肥料的精准用量及各种适用肥料的科学匹配与技术应用模式的合理选用，优化资源配置，瞄准提升有机稻米的产量、品质及稻田的地力，从而促进有机水稻生产的可持续发展。

## （二）有机稻田培肥与科学精准施肥技术应用的关系

有机稻田培肥是一种较大的体系概念，培肥体系包含了有机稻田的种植、轮作、养殖、休耕等以田养田方式的运用。也包括了对各种适用成品肥料的施肥技术应用。因此，两者间的相互关系是宏观带微观、面与点的关系。更是体现于方式与技术应用统一的关系。在现阶段中国有机水稻生产中，需要讲求稻田培肥方式上的系统全面性，更要追求施肥技术应用上的科学精准性。

## 三、把控有机水稻生长的需肥规律

### （一）水稻是需肥较多的作物之一

水稻生长氮磷钾三大元素需要量最大，氮、磷、钾的需肥比例大约为2：1：3。水稻对氮的吸收量在分蘖旺期和抽穗开花期达到高峰。氮能提高淀粉的产量，而淀粉的产量与水稻籽粒的大小、产量的高低、米质的优劣成正相关。如果抽穗前供氮不足，就会造成籽粒营养减少，灌浆不足，降低稻米品质。水稻对磷的吸收各生育期差异不大，吸收量最大的时期是分蘖至幼穗分化期。磷能促进根系发育和养分吸收，增强分蘖，增加淀粉合成，促进籽粒充实。水稻对钾的吸收，主要是穗分化至抽穗开花期，其次是分蘖至穗分化期。钾是淀粉、纤维素的合成和体内运输时必需的营养，能提高根的活力、延缓叶片衰老、增强抗御病虫害的能力。另外，硅和锌两种元素对水稻的产量和品质影响较大。水稻茎叶中含有 10%～20% 的二氧化硅，硅能增强水稻对病虫害的抵抗能力和抗倒伏能力，起到增产的作用，并能提高稻米品质；锌能增加水稻有效穗数、穗粒数、千粒重等，降低空秕率，起到增产作用，在石灰性土壤（多分布于我国北部和西北部半湿润、半干旱和干旱地区）上作用较明显。硅、锌元素施用在新造水田、酸性土壤，以及冷浸田中作用更为明显。

### （二）氮、磷、钾营养元素的作用

在各种营养元素之中，氮、磷、钾是植物需要量和收获时带走量较多的营养元素，而它们通过残茬和根的形式归还给土壤的数量却不多。因此往往需要以施用肥料的方式补充养分。

（1）氮是植物生长的必需养分，它是每个活细胞的组成部分。植物需要大量氮。氮素是叶绿素的组成成分，叶绿素 a 和叶绿素 b 都是含氮化合物。绿色植物进行光合作用，使光能转变为化学能，把无机物（二氧化碳和水）转变为有机物（葡萄糖）是借助于叶绿素的作用。葡萄糖是植物体内合成各种有机物的原料，而叶绿素则是植物叶子制造"粮食"的工厂。氮也是植物体内维生素和能量系统的组成部分。氮素对植物生长发育的影响是十分明显的。当氮素充足时，植物可合成较多的蛋白质，促进细胞的分裂和增长，因此植物叶面积增长快，能有更多的叶面积用来进行光合作用。

（2）磷在植物体中的含量仅次于氮和钾，一般在种子中含量较高。磷是植物体内核酸、蛋白质和酶等多种化合物的组成元素。磷在植物体内参与光合作用、呼吸作用、能量储存和传递、细胞分裂、细胞增大和其他一些过程。磷能促进早期根系的形成和生长，提高植物适应外界环境条件的能力，有助于增强一些植物的抗病性，抗旱和抗寒能力。磷能提高粮食作物的品质。

（3）钾是植物的主要营养元素，同时也是土壤中常因供应不足而影响作物产量的三要素之一。农作物含钾与含氮量相近而比含磷量高。且在许多高产作物中，含钾量超过含氮量。钾与氮、磷不同，它不是植物体内有机化合物的成分。迄今为止，尚未在植物体内发现含钾的有机化合物。钾呈离子状态溶于植物汁液之中，其主要功能与植物的新陈代谢有关。钾能够促进光合作用，缺钾使光合作用减弱。钾能明显地提高植物对氮的吸收和利用，并很快转化为蛋白质。钾还能促进植物经济用水。由于钾离子能较多地累积在作物细胞之中，因此，使细胞渗透压增加并使水分从低浓度的土壤溶液中向高浓度的根细胞中移动。在钾供应充足时，作物能有效地利用水分，并保持在体内，减少水分的蒸腾作用。钾的另一特点是有助于作物的抗逆性。钾的重要生理作用之一是增强细胞对环境条件的调节作用。钾能增强植物对各种不良状况的忍受能力，如干旱、低温、含盐量、病虫危害、倒伏等。

## 四、有机水稻生产适用有机肥料的积制加工技术要素

随着有机产业的进一步发展，积制农家有机肥料和加工商品类有机肥越来越多。积制农家有机肥料和外购的商品类有机肥料必须符合 GB/T 1963.1—2011《有机产品　第1部分：生产》、NY/T 2410—2013《有机水稻生产质量控制技术规范》等标准的规定，而商品类有机肥更要得到国家有机认证机构的评估或认可才可使用。

## （一）适用有机肥料的主要原料来源

### 1. 积制农家有机肥料

所谓积制有机肥是经微生物分解或发酵而成的一类肥料，又称农家肥。其特点有：原料来源广，数量大；养分全，含量低；肥效迟而长，须经微生物分解转化后才能为植物所吸收；改土培肥效果好。常用的自然肥料品种有绿肥、人粪尿、厩肥（牛、羊、猪、鸡、鸭等）、堆肥、沤肥、沼气肥及废弃物肥料等，还有饼肥（菜籽饼、豆饼、茶饼等）。

### 2. 商品类有机肥料

根据标准规定，商品类有机肥的材料来源主要是动植物、矿物和微生物三大方面，也就是植物材料、畜禽粪便、海草、骨粉、鱼粉、草木灰、木炭、磷矿石、钾矿粉、微生物等物料，通过科学堆制加工成有机肥料，包括微生物菌剂、发酵素和叶面肥。选择这类的商品类有机肥必须取得有国家相关有机认证机构的评估或认可证明书。

## （二）适用有机肥料的积制加工技术要求

农家有机肥料积制加工或外购商品类有机肥，都得根据 NY/T 2410—2013《有机水稻生产质量控制技术规范》的规定，详见该标准附录 A 表 A1 "允许使用的土壤培肥和改良物质" 和附录 C "农家肥堆制"。

## （三）有机肥料在施肥过程中需要注意的问题

（1）有机肥虽然效果很好，但并不是万能的。有机肥料所含养分并不平衡，不能满足作物高产优质的需要。因此，在施用有机肥时可以按要求配施速效肥（饼肥、矿物肥、微生物菌肥等），并在作物生长期间配施符合标准的叶面肥。

（2）比较于其他的肥料，有机肥分解相对较慢，肥效较迟。虽然它的营养元素含量全，但含量较低，在土壤中分解较慢。因此，将有机肥与符合国家标准的饼肥、微生物菌肥、叶面肥等配合施用，二者取长补短，发挥各自的优势。

（3）在使用有机肥之前，最好经过发酵处理。由于许多有机肥料带有病菌、虫卵和杂草种子，不利于作物的健康生长，所以要经过加工处理后才能施用。

（4）腐熟的有机肥不宜与碱性肥料混用，若与碱性肥料混合，会造成氨的挥发，降低有机肥养分含量，从而导致营养失衡。同时生物有机肥含有较多的有机物，不宜与硝态氨肥混用。

# 五、适用肥料的科学精准施用技术应用

目前，在有机水稻生产过程中，科学精准合理使用适用肥料，是每个有机水稻生产者所面临的一个重大问题，适用肥料使用的科学、精准、合理与否，直接影响到肥料的利用率、有机稻谷的产量和品质、有机水稻生产环境的生态等因素，因此，科学、精准、合理施肥，是实现有机水稻生产"优质、高产、生态、安全、营养、高效"综合目标的最关键的栽培技术之一。

## （一）适用肥料科学精准施用原则

施肥的最大目标就是通过施肥改善土壤理化性状，协调作物生长环境条件。充分发挥肥料的增产作用，不仅要协调和满足当季作物增产对养分的要求，还应保持土壤肥力不降低，维持农业可持续发展。土壤、植物和肥料三者之间，既是互相关联，又是相互影响、相互制约的。科学施肥要充分考虑三者之间相互关系，针对土壤、作物合理施肥。

1. 因地测土施肥

根据土壤肥力施肥

土壤有别于母质的特性就是其具有肥力，土壤肥力是土壤供给作物不同数量、不同比例养分，适应作物生长的能力。它包括土壤有效养分供应量、土壤通气状况、土壤保水保肥能力、土壤微生物数量等。

土壤肥力状况高低直接决定者作物产量的高低，首先应根据土壤肥力测定来确定合适的目标产量。一般以该地块的 3 年作物的平均产量增加10%作为目标产量。

根据土壤肥力和目标产量的高低确定施肥量。对于高肥力的地块，土壤供肥能力强，适当减少基肥所占全生育期肥料用量的比例，增加后期追肥的比例；对于低肥力土壤，土壤供应养分量少，应增加基肥（底肥）的用量，后期合理追肥。尤其要增加低肥力地块基肥中适用有机肥料的用量，有机肥料不仅要提供当季作物生长所需的养分，还可培肥土壤。

根据土壤质地施肥

根据不同质地土壤中适用肥料养分释放转化性能、土壤保肥保水能力及养分流失程度，施肥的方式和用量都有所不同。如沙土有良好的通透性能，有机质分解快，养分供应快。沙土应增施有机肥，提高土壤的有机质含量，改善土壤的理化性质，增强保肥、保水性能。但对于养分含量高的优质适用有机肥料，一次使用量不能太多，使用过量容易烧苗，转化的速效养分也容易流失，养分含量高的优质适用有机肥料可分基肥和追肥多次使用，也可深施大量堆腐秸秆和养分含量低、养分释放慢的肥料。

黏土保肥、保水性能好、养分不易流失。但土壤供肥慢，土壤紧实，通透性差，有机成分在土壤中分解慢。黏土地施用的适用有机肥料必须充分腐熟。黏土养分供应慢，应早施，可接近作物根部施放。

2. 根据肥料特性施肥

现有机水稻生产适用的肥料原料广泛，不同原料加工的肥料养分差别很大，不同品种肥料在不同土壤中的反应也不同。因此，施肥时应根据适用肥料的特性，采取相应的措施，提高有机水稻对肥料的利用率。就农家有机肥料而言，5 种肥料特性各有侧重。

（1）各类适用有机肥料中以饼肥的性能最好，不仅含有丰富的有机质，还含有丰富的养分，对改善作物品质作用明显，是粮油作物的理想用肥。由于其养分含量较高，既可做基肥，也可做追肥，尽量采用穴施、沟施，采取多次少量施肥。

（2）秸秆类有机肥料的有机物含量高，这类有机肥料对增加土壤有机质含量，培肥地力作用明显。秸秆在土壤中分解较慢，秸秆类有机肥料适宜做基肥，肥料用量可加大。但氮、磷、钾养分含最相对较低，微生物分解秸秆还须消耗氮素，要注意秸秆有机肥料与氮磷钾营养元素的配合。

（3）畜禽粪便类有机肥料的有机质含量中等，氮、磷、钾等养分含量丰富，由于其来源广泛，使用量比较大。但由于其加工条件的不一样，其成品肥的有机质和氮、磷、钾养分差别较大，选购使用该类有机肥料时应注意其质量的判别。以纯畜禽粪便工厂化快速腐熟加工的有机肥料，其养分含量高，应少施，集中使用，一般做基肥使用，也可做追肥。含有大量杂质，采取自然堆腐加工的有机肥料，有机质和养分含量均较低，应做基肥使用，量可以加大。另外，畜禽粪便类有机肥料一定要经过灭菌处理，否则容易给作物和人、畜传染疾病。

（4）绿肥是经人工种植的一种肥地作物，有机质和养分含量均较丰富。但种植、翻压绿肥一定要注意茬口的安排，不要影响主要作物的生长，绿肥一般有固氮能力，应注意补充磷钾肥。

（5）垃圾类有机肥料的有机质和养分含量受原料的影响，很不稳定，每一批肥料的有机质一般含量不高，适宜做基肥使用。由于垃圾成分复杂，有时含有大量对人和作物极其有害的物质，如重金属、放射性物质等，使用垃圾肥时对加工肥料的垃圾来源要弄清楚，含有有害物质的垃圾肥严禁施用到的有机水稻和粮食作物上，可用于人工绿地和绿化树木。

3. 根据需肥规律及栽培措施施肥

不同作物种类、同一种类作物的不同品种对养分的需要量及其比例、养分的需要时期，对肥料的忍耐程度等均不同，因此在施肥时应充分考虑每一种作物需肥规律，制订合理的施肥方案。

（1）根据种植密度施肥：密度大可全层施肥，施肥量可大一点；密度小，应集中施肥，施肥量减小。

（2）注意水肥配合：肥料施入土后，养分的保存、吸收和利用均离不开水，施肥应立即浇水，防止养分的损失，提高肥料的利用率。

（3）巧用饼肥：施肥可以说贯穿有机水稻的生长的全过程。而对于有机水稻的栽培来说，肥料的选择和施肥的时间等是保证水稻质量的重要因素。因此，有机水稻的种植只能施用有机肥，而禁止施用化肥。最好的有机肥主要有饼肥及农家肥（必须腐熟、发酵）等。

有机生产系统应以自身的物质和能量循环为主，尽量减少外部的输入，更不应全部依赖外部物质。如采用种植绿肥、油菜籽（豆）饼肥（本基地）、秸秆（稻草）还田、种养结合（稻鸭共育）等。

农家有机肥料含有植物需要的大量营养成分，及各种微量元素、糖类和脂肪，对植物的养分供给比较平缓持久，有很长的后效。其在土壤中分解，转化形成各种腐殖酸物质，能促进植物体内的酶活性、物质的合成、运输和积累。但是农家有机肥料也有存在养分含量低，不易分解，不能及时满足有机水稻生长营养的需求。油菜籽（豆）饼肥中含氮、磷元素较多，是一种优质的有机肥料种类。施入土壤中分解速度较快，属速效性有机肥，因而可直接施用。正确施用菜籽（豆）饼肥的方法为：油菜籽（豆）饼肥与堆肥、厩肥混合后作基肥施用，也可单独作追肥。菜籽（豆）饼肥作追肥时，其肥效平稳而持久，效果好于化肥，并且有后效。可将菜籽（豆）饼肥充分粉碎后直接开沟施用，但要注意与作物幼苗保持适当距离。菜籽（豆）饼肥直接施用时，因其自身的香味易招引地下害虫，故应积极预防。

农家有机肥料施入土壤里经微生物分解后才释放有效成分，因此要适当提早使用时间，应品种、地域、时间不同而不同，做到因地制宜。

根据有机水稻的需肥规律，施好基肥后，必须要施好追肥，尽可能满足其生长各阶段需肥的要求，从而达到优质高产目的。

## （二）适用肥料科学精准施用技术方法

有机水稻科学精准施肥方法，在全国范围内不是千篇一律的，各地在有机水稻生产中，要因地制宜，结合当地实际情况，根据品种特性、地理环境、土壤肥力及种植水平的不同，制定能适合当地有机水稻生产需求的有机肥料精准施肥方法。有机水稻生产中使用有机肥料施肥的基本原则：施好苗肥，施足基肥，早施追肥，巧施穗肥，补施粒肥。

1. 苗肥的科学精准施用——施好苗肥

培育壮秧是夺取有机水稻高产的基础。我国水稻育秧有水育秧、湿润育秧、旱育秧等多种形式，随着机械化程度的提高，工厂化育秧发展迅速。在育秧期间，由于生产时间短，一般选择菜籽饼、豆饼、茶饼等有机肥料原料，原则上每亩施用饼肥50～100千克，促使苗壮苗齐。这类肥料的特性是有机质含量高，营养全面，肥效快，有利于培育壮秧，提高秧苗素质，增强秧苗抗逆性，为有机水稻夺取丰产丰收打下坚实的基础。

2. 基肥的科学精准施用——施足基肥

大田基肥是有机水稻一生的营养来源基础所在，也是长时间提供有机水稻大田生长的基础肥源，占水稻全生育期施肥量比例最高。根据不同的地区，不同的品种，不同的气候条件，基肥和追肥的总量比例一般为6：4或7：3。因此，基肥在量上要体现出一个"足"字，在"足"字上再体现出精准肥料的选择和精准肥料的用量。有机水稻生产，大多数选择积制或外购的农家肥、饼肥等适用肥料。其肥料的用量，一般亩施有机肥（农家肥）500～1 000千克，或饼肥100～200千克，外购的商品类有机肥或生物肥、矿物肥等，要按照生产单位的产品说明来操作。大田基肥的使用要因地适宜，结合当地实际情况，在插秧前结合耕耙稻田施用，要均匀深施到10~15厘米的土壤中，保证秧苗移栽后有足够的营养使有机水稻快速健康生长，搭好丰产苗架。

3. 蘖肥的科学精准施用——早施追肥

有机水稻移栽返青后应及时施用分蘖肥，以促进低节位分蘖的生长，起到增穗作用，肥料施用时间在秧苗移栽后一个叶龄5~10天；蘖肥施后3~5天，开始发挥肥效，根据水稻叶蘖同伸规律，有效地促进低节位分蘖。蘖肥在科学精准施用时间和肥料用量的基础上，要体现出"早"和"快"两个字。也就是说，蘖肥追施时间要早，施用的适用肥料肥效要快。因此，蘖肥的肥料要选择适用的速效肥。农家肥的肥效属缓慢性，在实际生产中，分蘖肥一般用饼肥追施为好，亩用饼肥50千克，起到促蘖保证全田生长整齐和保蘖成穗作用。

4. 穗肥的科学精准施用——巧施穗肥

科学精准施用穗肥，是确保中期足够的养分转向生殖生长，增加颖花数量，防止颖花退化，促穗大粒重；同时具有养根、健叶、壮秆、防倒伏的作用。根据施肥时间和作用，穗肥可分为促花肥和保花肥两种。促花肥宜在幼穗分化开始时（倒四叶露尖）施用，目的是增加枝梗数和颖花数，攻大穗。保花肥一般在抽穗前15~20天（倒二叶露尖）施用，目的是减少颖花退化。一般连作早晚稻不施促花肥，如搁田覆水后，少肥落黄的，每亩追施饼肥50千克作保花肥。在这个时期，科学精准使用主要是体现在一个"巧"字上面。在有机水稻实际生产中，根据有机水稻生长实际情况，灵活运用科学精准施用穗肥，穗肥一般选择营养丰富、速效性好的适用肥料，如饼肥、蚯蚓液肥、发酵菌素等。

同时配施微生物菌肥和叶面肥。如"百泰"微生物菌剂，亩用0.5~1.0升，稀释200倍向根部粗喷施，间隔时间10~15天，再施一次。又如"仟禾福"生物叶面肥，一般每亩喷施"仟禾福"1包，兑水800~1 000倍，间隔10天，连续喷施6次以上，主要目的是健株壮体，增加叶绿素，增强光合作用，提升作物抗逆性，更重要的是改善稻米的品质。

5. 液肥、粒肥的科学精准施用——补施速效肥

从抽穗到成熟期间，补施速效的适用液肥、粒肥很关键。可选择喷施适用的生物叶面肥、蚯蚓液肥、发酵菌素等。以提高结实率，确保完全成

熟，增加千粒重为主。如"清大元农"蚯蚓液肥和"汇申"植物酵菌素等。追肥要视有机水稻长势而定，宜少不宜多；补施液肥、粒肥可以有效地增强植株的抗逆性、抗病性、延长叶片功能期、防止早衰，改善水稻根部氧的供应、提高根系活力，加快灌浆、促进成熟和籽粒饱满，从而增加稻谷产量、改善稻米品质。值得注意的是，前期肥足、中期分蘖过多过旺、叶色浓绿、群体间受光态势差、有贪青晚熟趋势的田块，不应追施液肥、粒肥。实际生产中的"看天、看地、看苗"就是这个时段科学精准掌握的关键所在。

总而言之，有机水稻在实际生产中，必须按照 NY/T 2410—2013《有机水稻生产质量控制技术规范》的规定，根据有机水稻需肥的规律，掌握各类肥料的特点，结合土壤肥力状况，做到因地制宜的科学精准施用，是提升有机水稻的产量和品质，以及生产的可持续性发展所在。

# 六、相关有机肥料施用的误区

## （一）生粪直接施用

在农忙时节，有些农户没有提前准备有机肥料，便直接到养殖场购买鲜粪或收集人粪尿使用。不经处理直接施用生粪是有机植物种植和有机水稻生产中质量控制的技术标准所不允许的，严禁生粪直接下田。但可购买工厂化加工的商品有机肥料，工厂已进行了发酵、灭菌处理，农民买回来后可直接使用。

## （二）过量施用农家有机肥料

有机肥料养分含量低，对作物生长影响不明显，不像化肥容易烧苗，而且土壤中积聚的有机物有明显改良土壤作用，因此，有些人错误地认为有机肥料使用越多越好。实际过量施用有机肥料同化肥一样，也会产生危害，危害主要表现在：①过量施用有机肥料导致烧苗。②大量施用有机肥料，致使土壤中磷、钾等养分大量积聚，造成土壤养分不平衡。③大量施用有机肥料，土壤中硝酸盐根离子积聚，会致使水稻硝酸盐超标。

## （三）施用便宜劣质的有机肥料

有机肥料种类繁多，不同原料、不同方法加工的有机肥料质量差别很大。如农民在田间地头自然堆腐农家的有机肥料，虽然经过较长时间的堆腐过程已杀灭了其中病菌，但由于过长时间的发酵和加工过程，以及雨水的淋溶作用，里面的养分已损失了很大一部分。另外，加工过程中不可避免地带入一些土等杂质，也没有经过烘干过程，肥料中水分含量较高。因此，这类有机肥料显然体大量重，但真正能提供给土壤的有机质和养分并不多。以鸡粪为例，鲜粪含水量较高，一般含水量在70%，干物质只占少部分，大部分是水，所以3.5立方米左右鲜粪才加工1吨含水量20%以下的干有机肥料。

有机肥料的原料来源广泛，有些有机肥料的原料受积攒、收集条件的限制，含有一定量的杂质，有些有机肥料的加工过程不可避免地会带进一定的杂质。中国有机肥的强制性产品质量标准还没有出台，个别经销商受经济利益的驱动制造、销售伪劣的商品有机肥料，损害农民利益。不法厂家制造伪劣的商品类有机肥料的手段多种多样，有的往畜禽粪便中掺土、沙子、草炭等；有的以次充好，向草炭中加入化肥，有机质和氮磷钾等养分含量均很高，生产成本低，但所提供氮、磷、钾养分主要是化肥提供的，已不是有机态氮、磷、钾的特点性质；有些有机肥料厂家加工手段落后，没有严格的发酵和干燥，产品外观看不出质量差别，产品灭菌不充分，水分含量高。

随着商品类有机肥料的迅速发展，政府有关部门正在制定肥料法规，对有机肥料产品的管理将逐步趋于正规。农民购买商品类有机肥料，一定要通过正规的渠道购买，必须要有国家认定的有机认证机构评估或认可。不要购买没有企业执照、没有产品标准、没有产品登记证的"三无"产品。土杂类肥料、鲜粪价格虽然便宜，但养分含量低、含水量高、体积大，从有效养分含量和实际肥效上来讲，不如购买被认证过的商品有机肥料合算。

# 七、有机水稻生产的肥水协调

## （一）有机水稻生产用水的标准规定

养分和水分的科学协调对作物产量及其增产潜力有着直接的交互影响。肥和水既是作物产量和品质的决定因素，又是人为的可控因素。作物需要的营养离子从土壤向根表面的移动，受土壤水分含量的影响，特别是在旱地。肥是土水系统的物质基础，水是肥效发挥的关键，二者互为制约，又互相促进。肥水激励机制要求二者有一个适宜的匹配，这样，养分和水分才能发挥其最大经济效益。有机水稻生产也是如此。

NY/T 2410—2013《有机水稻生产质量控制技术规范》中规定，有机水稻生产基地灌溉用水的水质应持续符合 GB 5084《农田灌溉水质标准》中关于生产用水的规定，要求应选择优质水源进行灌溉，不使用即便是已达标排放的生活污水、工业废水灌溉稻田，存在引入向农田灌溉渠道排放处理后的养殖业废水和以农产品为加工原料的工业废水作为灌溉水源的，应保证其下游最近灌溉取水点的水质符合标准要求，并特别注意要严格控制因水质变化所带来的污染风险。

标准中强调有机水稻生产产地要求排灌分离，是为了保证灌溉用水水质应能持续符合 GB 5084《农田灌溉水质标准》的相关规定，严格控制因水质变化所带来的污染风险。GB/T 19630.1—2011《有机产品　第 1 部分：生产》中规定"应采取措施防止常规农田的水渗透或漫入有机地块"，强调的是有机地块与常规地块的排灌系统应该具有有效的隔离措施，特别注意灌溉水是否流经常规地块再进入有机地块及常规地块的排水是否会流入有机地块等，如果排灌系统不能得到合理的分设的话，即使有机地块与常规地块之间有很大的缓冲带距离，也难以防止常规农田的水通过排灌系统给有机地块带来污染，尤其是有机地块处于常规地块的下坡或下游，若基地没有采取专门的排水措施将常规地块的水引开，则无论有机地块管理有多么严格，都无法避免有机地块受到污染的风险。而这些风险，又恰恰影响到有机水稻生产的肥水协调关系。

## （二）有机水稻生产用水原则

有机水稻生产用水除了标准中对水质要求有规定外，在有机水稻生产中的用水原则同于常规水稻栽培，也就是"薄水返青、寸水分蘖、适时搁田、足水养胎、浅水抽穗、湿润灌浆、干干湿湿、后期防止断水过早"。

## （三）有机水稻生产的肥水协调管控技术

生产实践证明，合理的施肥原则和方法必须配合科学的水浆管理，由此达到"以水调肥，以水控苗，有促有控，肥水协调"的目标。实施好有机水稻生产用水的科学精准灌溉，肥水的科学精准协调管控技术即能满足水稻生理和生态需水要求，对水稻高产和改进稻米品质有利；又能节约用水，改善稻田的生态环境；要能发挥适用肥料施用的效果，促进水稻的稳产和高产。

有机水稻生产的科学精准灌溉技术，按活棵分蘖期、控制无效分蘖期、长穗期和结实期4个时期实施。

1. 活棵分蘖期——浅水返青、寸水分蘖

移栽宜薄水灌溉，有利于秧苗返青活棵，返青后，实行浅水灌溉，并在每次灌溉后，待其自然落干后再灌，浅灌可以提高水温和土温，增加土壤氧气和有效养分，有利于分蘖早生快发和形成强大根系。同时，也有利于蘖肥肥效的发挥与吸收。

2. 无效分蘖期——及时排水、适时搁田

搁田又称晒田或烤田，具有促根、壮秆、控蘖、减轻病虫害等作用。生产上应遵循"看苗情定先后，看田脚定轻重，看天气定时间"的原则，做到"苗到不等时，时到不等苗"，所谓"苗到"是指当每亩总苗数达到预定有效穗数的80%；"时到"是指已进入分蘖末期至幼穗分化初期。如"苗"和"时"两者之一达到上述标准就应开始搁田。田脚烂、肥水足、苗势旺及排水不便的可提前搁、搁重些，反之可推迟搁、搁轻些；阴雨天多，搁田时间长些，反之短些。搁田宜多次轻搁，搁至"脚不陷田、土不发白、稻叶挺驾、叶色转淡、白根露面"。

3. 拔节长穗期——足水养胎、浅水抽穗

幼穗分化期间是水稻一生中需水最多的时期，尤其是减数分裂期，对水分反应最为敏感。一般应在搁田后及时灌浅水"养胎"。如遇17℃以下低温或35℃以上高温，或遇干风季节，要采取短时间灌深水护苗，以水调温，避免受害。抽穗前排水轻搁2~3天，以改善土壤环境，增强根系后期活力，促使抽穗整齐，并有利于穗肥的吸收。

4. 抽穗结实期——湿润灌浆、干干湿湿

抽穗杨花期应保持田间水层。为了保持根系活力及吸收穗肥后期的肥效，灌浆期宜干干湿湿，以湿为主。成熟期不宜断水过早，以免茎叶早枯，影响粒重和米质。收获前5~7天断水，以促进成熟，便于收割。

# 第六章 有机水稻生产的科学精准培肥与施肥技术应用模式

各类植物在生长过程中，通过不断地从土壤中吸收大量的营养而生长，土壤中的营养除了土壤本身自有的外，主要依靠外来的加入培肥与施肥来实现。目前，有机水稻生产在大量地施用有机肥料的基础上，应通过各种培肥与施肥技术应用的模式来提升土壤肥力，确保其所需的各种有效营养需求。

## 一、有机水稻生产体系内循环单项技术应用模式

### （一）有机稻田水旱轮作模式

合理轮作能够避免连作障碍。同一作物或近缘作物连作之后，即使在正常的管理条件下，也会产生产量降低、品质变劣及生育状况变差的现象，这就是连作障碍现象。解决的最佳方法就是轮作。

合理轮作可以减轻水稻病虫害的发生。合理轮作破坏了病虫的食物链和生态环境，使那些寄生性强、寄主植物单一与迁移力小的病虫由于缺少食物及生存环境发生变化而大量死亡。

合理轮作可以改善土壤理化性质，均衡利用土壤养分，提高土壤肥力。不同作物从土壤中吸收的养分在种类和数量上有很大的差别，将对养分吸收和利用能力不同而又有互补作用的作物轮作，可以协调前茬作物与后茬作物的养分供应，使作物能够均衡充分利用土壤养分，还可优化农田生态条件和土壤理化特性。如浅根性作物水稻与深根性作物大豆轮作，可以全面地利用土壤各层的养分和水分，协调作物间养分和水分的供需关系。另外，水稻及轮作植物的秸秆、残茬、根系及落叶是土壤有机质和养分的重要来源，将含碳量高的作物（如水稻等禾本科植物）及含氮量高

的作物（如豆类植物）有计划地进行轮作，有利于调节碳氮平衡，提高土壤肥力。

合理轮作可以避免稻田有毒物质积累带来的危害。稻田有毒物质主要包括农药残留及来自根系分泌物和残茬腐烂的毒素，这些物质的含量可以通过合理的轮作加以减轻和避免。此外，有些轮作植物还对有机污染物及镉等重金属具有较强的富集、耐受、转化和分解能力，如轮作苜蓿可以修复和净化土壤。

有机稻田轮作制度，要针对不同地区的生态因子（土壤和气候因子）来设计，须考虑如何维持土壤肥力，增加土壤有机质，改进土壤结构，减少病虫害及杂草滋生等因素，从而设计出有效、适用的轮作制度。一般来说，应遵循以下原则。

一是考虑病虫害的防治问题，避免有同类病虫害的作物轮作。轮作首先要考虑水稻病虫害的寄主范围。一般来说，同科作物常感染相同的病虫害，在制订作物轮作计划时，应尽量避免同科植物轮作。"稻—菜""稻—油菜"等水旱轮作模式，可以利用作物根系分泌的杀菌物质来杀灭或抑制土壤病菌，可防治和减轻作物病害，可作为控制土传病害的有效措施。

二是考虑轮作植物的特性及其对土壤改良的影响。在稻田轮作制度中，适当安排水稻与豆科植物的轮作，可增加土壤有机质，改良土壤团粒结构，提高肥力。适当轮作一些绿肥，也可增加土壤有机质，改善土壤肥力。如"稻—稻—绿肥""豆—稻"等轮作。

三是考虑对有机水稻生长的影响。一般来说，合理水旱轮作可有效地促进水稻生长，促进有效分蘖，进而提高作物产量和品质。研究表明，合理有效的水旱轮作模式一般能够使得水稻产量增收 5%~8%。

四是考虑充分利用冬闲田，提高复种指数。目前，"冬闲—双季稻"或"冬闲—单季稻"的冬闲连作模式普遍存在，冬闲田面积逐年递增。在南方广大地区，可通过合理轮作充分利用冬闲田，提高复种指数。

五是合理轮作要充分考虑和利用当地的气候条件和季节差异。譬如高海拔地区，病虫害发生程度低，进行轮作生产，可不用喷施任何农药，完全满足有机水稻的种植要求。

作物轮作模式因作物特性千差万别而多种多样。在各种轮作模式中，要根据轮作作物的特点和要求进行合理搭配。一般选择高产、易种、产值较高，能够充分利用地上空间，地下各个土层和各种营养元素，增加了生物的多样性、有利于生态系统平衡、有利于减轻病虫害发生的作物进行轮作。在有机水稻生产中，主要的轮作植物不局限于豆科植物、绿肥等。尤其是水旱轮作模式，在作物稳产、养地、节肥、增产、农业环境保护和农业资源高效利用等各方面具有重要的作用，是稻田资源优化配置、土壤养分良性循环的重要耕作制度之一。

水旱轮作栽培是尊重"高产高效、用地养地、协调发展和互为有利"的原则，合理利用土壤肥力、减少土壤障碍因子、减轻病虫危害、改善作物品质、提高劳动生产率的生态经济有效措施。

有机水稻生产中的水旱轮作栽培，旨在改善土壤的理化性质，减少土壤障碍因子，增加土壤有机质，提升土壤肥力。我国有机水稻生产中的水旱轮作栽培主要模式有：稻—稻—绿肥（紫云英、苕子等）、稻—绿肥、稻—稻—油菜、稻—油菜、豆—稻、瓜—稻、稻—稻/菜等。

中国南方稻作区，水旱轮作模式主要以稻—稻—绿肥、稻—绿肥、稻—稻—油菜、稻—油菜模式为主，主要是绿肥能为土壤提供丰富的养分。各种绿肥的幼嫩茎叶，含有丰富的养分，一旦在土壤中腐解，能大量地增加土壤中的有机质，以及氮、磷、钾和各种微量元素。每吨绿肥鲜草，一般可供出氮素6.3千克，磷素1.3千克，钾素5千克，相当于13.7千克尿素，6千克过磷酸钙和10千克硫酸钾。豆科绿肥，其根部有根瘤，根瘤菌有固定空气中氮素的作用，如紫云英、苕子、豌豆、豇豆等；油菜是一年生草本，种子油用，植株饲肥兼用。水旱轮作模式范例如下。

1. 稻—稻—绿肥轮作模式

冬种绿肥即利用冬季空闲茬口种植绿肥（如紫云英等），通过绿肥的生物固氮和还田，增加系统的养分输入，达到改善和提高土壤肥力、增加土壤有机质、改善土壤理化性状和提高土壤磷的有效性、减少化肥用量的目的。紫云英属豆科黄芪属越年生草本植物，其根瘤菌具有很强的固氮能力，每年可固定空气中的氮75~150千克/公顷。据研究，鲜紫云英中的氮、磷、钾含量分别为0.48%、0.11%和0.24%。种植紫云英可以增加作物产量，平衡和调节农作物吸收氮、磷、钾及中微量元素，提高农产品品质；更重要的是，施用紫云英绿肥具有一定长效性，还可提高和更新土壤有机质，富集土壤磷、钾，增加生物覆盖率，提高各种矿质营养元素的效应，提升土壤肥力和生物活性，改善土壤物理性状，保持良好的生态环境，促进农业生产可持续发展的作物（表6-1）。

**表6-1  稻—稻—绿肥轮作模式**

| 轮作模式 | 种植时间 | 收获期 |
| --- | --- | --- |
| 稻 | 早稻3月中旬播种，湿润育秧；4月上中旬移栽 | 7月上旬收获 |
| 稻 | 晚稻6月中旬播种，湿润水育，7月中下旬移栽 | 10月下旬收获 |
| 绿肥 | 紫云英9月底至10月上旬播种 | 翌年4月上旬翻沤 |

2. 稻—油菜轮作模式

水稻和油菜轮作是中国南方地区常见的耕作制度，其优点在于能够提高农业土地利用率和增强土壤生产力，且能改变土壤生态环境。稻—稻—油菜轮作栽培作物根系向土壤释放不同分泌物，根系分泌物对土壤微生物群落产生影响；有研究表明，稻—稻—油菜轮作土壤微生物的数量及代谢活性明显高于稻—稻连作，表明稻—稻—油菜轮作可以提高了土壤微生物种群多样性（表6-2）。

**表6-2  稻—稻—油菜肥轮作模式**

| 轮作模式 | 种植时间 | 收获期 |
| --- | --- | --- |
| 稻 | 早稻3月中旬播种，湿润育秧；4月上中旬移栽 | 7月上旬收获 |
| 稻 | 晚稻6月中旬播种，湿润水育，7月中下旬移栽 | 10月下旬收获 |
| 油菜 | 紫云英9月底至10月上旬播种 | 翌年4月上旬翻沤 |

3. 稻—饲草轮作模式

稻—稻—黑麦草轮作模式或黑麦草—中稻轮作模式中，轮作植物黑麦草的根系可丰富土壤有机质，通过其根系的生长，可以加大土壤的孔隙，降低土壤的容重，改善土壤的团粒结构，并使后季作物产量得到提高。此外，研究表明，黑麦草显著地改善土壤的理化和生物学性状，土壤微生物总量增加了13倍，改善了土壤微生物区系，细菌数量增加了1.2倍，放线菌数量增加了3.4倍，真菌数量下降了44.0%。

黑麦草—中稻轮作模式中通过种植黑麦草发展养殖业，不仅可以使农民增收，提高农民务农的积极性，更有利于农业结构的调整，有利于农业的可持续发展。一季中稻除了使得水稻产量和品质都得到明显提高，还可以适度缓解农村劳动力的紧张问题。在我国南方双季稻区适当发展黑麦草—中稻模式有着良好的前景（表6-3）。

表6-3　黑麦草—中稻轮作模式

| 轮作模式 | 种植时间 | 收获期 |
|---|---|---|
| 黑麦草 | 4月下旬移栽水稻 | 8月下旬收获 |
| 中　稻 | 黑麦草9月上旬播种 | 翌年4月上旬收完 |

### 4. 稻—菜轮作模式

稻菜轮作模式包括种植两茬水稻后再种蔬菜的稻—稻—菜模式，以及每年种两茬蔬菜，中间种一茬水稻的菜—稻—菜模式。稻菜轮作中的蔬菜应多选用早熟、丰产、优质抗性强的蔬菜品种，如黄瓜、节瓜、丝瓜、苦瓜、白瓜、冬瓜、南瓜、西瓜、茄瓜、辣椒、番茄、马铃薯、四季豆、萝卜等。稻—稻—菜模式一般早稻在4—5月，晚稻在7—8月移栽，两茬水稻收获后（早稻7—8月，晚稻10—11月收获），秋冬季种植蔬菜或者草莓；秋冬蔬菜多采用地膜覆盖栽培，在严寒地区可搭盖塑料小拱棚或塑料大棚防寒。菜—稻—菜模式是1—5月种植蔬菜，6—9月栽培水稻，10—12月再种植蔬菜（表6-4）。

表6-4　稻—菜轮作模式

| 轮作模式 | 蔬菜种植时间 | 蔬菜收获期 |
|---|---|---|
| 稻—稻—马铃薯 | 10—11月中旬（低温危害较轻地区）或12月中下旬（低温危害较重地区） | 4—5月 |
| 稻—稻—番茄 | 11月上旬育苗，12月中下旬移栽 | 5—6月 |
| 稻—稻—黑皮冬瓜 | 11月育苗，12月移栽 | 5月 |
| 稻—稻—南瓜 | 11月育苗，12月移栽 | 5月 |
| 稻—稻—西瓜 | 1—2月初育苗，2—3月中旬移栽 | 4—5月 |
| 稻—稻—胡萝卜 | 南方11月中下旬播种 | 南方3月 |
| 稻—稻—萝卜 | 秋冬萝卜10—11月播种，秋夏萝卜12月上旬至翌年3月上旬移栽 | 4—5月 |
| 稻—玉米 | 2—3月上中旬播种 | 5月 |
| 稻—稻—蒜 | 11月至翌年2月中旬种植 | 1月收蒜苗，5月收蒜头 |
| 稻—稻—淮山药 | 7月种植 | 1—3月 |
| 茭白—晚稻 | 3—5月种植 | 夏茭6—7月，秋茭8—10月 |
| 稻—草莓 | 草莓11月种植，中稻6月初插秧 | 草莓5月上中旬 |

（续表）

| 轮作模式 | 蔬菜种植时间 | 蔬菜收获期 |
| --- | --- | --- |
| 毛豆—晚稻—马铃薯 | 毛豆 3 月中下旬种植，马铃薯 10—12 月种植 | 毛豆 6 月上中旬，马铃薯 4—5 月 |

## （二）有机稻田种养结合模式

种养结合是种植业和养殖业紧密衔接的生态农业模式，是将畜禽养殖产生的粪污作为种植业的肥源，种植业为养殖业提供饲料，并消纳养殖业废弃物，使物质和能量在动植物之间进行转换的循环式农业。加快推动种养结合循环农业发展，是提高农业资源利用效率、保护农业生态环境、促进农业绿色发展的重要举措。有机水稻生产中的种养结合模式应用，旨在改善田间环境，增加土壤有机质，提升土壤肥力。中国有机水稻生产中的水旱轮作栽培主要模式有稻鸭共育、稻鱼共养、稻虾共生等十多种种养结合应用模式，最大程度上保护了生态环境，促进了种植养殖融合发展，取得了良好的社会效果和经济效果。

"稻鸭共育"以水田为基础、种优质稻为中心、家鸭野养为特点，利用家鸭在稻间野养，不断捕食害虫，吃（踩）杂草，耕耘和刺激水稻生长，显著减轻稻田虫、草、病的危害，排泄物又是水稻的优良有机肥，使水稻健壮生育，形成"种养加一体化"产业链，与单纯的种植水稻相比可增加收益。

## （三）有机稻田休耕与轮作共存模式

休耕指土地所有者或使用者为提高以后耕种效益、实现土地可持续有效利用，而采取的一定时期内土地休养生息不耕种，以保护、养育和恢复地力的一种措施。休耕是对耕地进行长期的养护，是保持土壤质量、恢复地力、减少病虫害、减少农业污染及增强农产品安全性的重要手段，对肥力差的土地进行休耕，有利于土地的休养生息，有效地防止耕地的无序抛荒，保护耕地资源肥力。根据休耕时间长短分为季休、年轮休和长休。季休指可栽种 2 季或 3 季的土地只栽种 1 季或 2 季，其中一季休息；年轮休指土地休耕周期为 1 年以上，多块土地轮流休养，有的休 1 年，有的休 2 年；长休则是以缓解农业生产过剩压力或保护自然环境为目标，对生态脆弱型的地块实行 10~15 年休耕。此外，休耕还可以分为轮作制和完全意义上的休耕，或者两者共存。

轮作是指在同一田地上有顺序地轮换种植不同作物的种植方式。在生产上，把轮作中前茬作物和后茬作物的轮换，通称为换茬或倒茬。无论是土壤培肥，还是病虫害防治，生产有机水稻的稻田都强调通过合理的轮作和休耕等园艺措施来实现。NY/T 2410—2013《有机水稻生产质量控制技术规范》要求有机水稻生产单元应按 GB/T 19630.1《有机产品　第 1 部分：生产》中的要求建立有利于提高土壤肥力、减少病虫草害的稻田轮作（含间套作）体系。一年种植两茬水稻的有机生产单元可以采取两种及以上作物的轮作栽培。冬季休耕的有机水稻生产单元可不进行轮作。

合理休耕和轮作是有机农业耕作的基本要求，也是有机农业生产上的重要技术措施。通过休耕和轮作可以保持土壤质量、恢复地力，增加生物多样性、减少病虫害、增强作物的抗逆性等。在有机水稻种植过程中或有机水稻种植的转换期，首先要解决轮作问题。只有轮作问题解决了，才能有效摆脱现代农业对化学农药和化学肥料的严重依赖。

休耕轮作是指耕地休养生息，通过休耕，减少农事活动，涵养水分，保护耕作层，让耕地"歇一歇"、环境"喘口气"，对耕地进行管护和培肥地力，是实现增产增效相统一、生产生态相协调，推进生态修复治理，促进农业可持续发展的有效措施。休耕与轮作共存的模式是因地制宜，坚持以轮作为主、休耕为辅，或相反。体现在有机水稻生产单元地块中有一部分轮作，有一部分休耕，来年生产再行交换。这种休耕与轮作共存的方式有效推动了耕地质量提升和有机水稻提质增效。

中国北方和山区的有机水稻区，由于光温条件差而限制下一季不能再种植绿肥的田块或土壤肥沃有机质来源多的田块，一般采用单一休耕模式，让耕地休养生息，实现用地养地相结合，保护和提升地力，增强有机水稻生产发展后劲。值得注意的是山区和半山区或冷浸田的休耕，必须要排干水，让太阳光直接能通透入土壤，改善土壤的通透性并抑制土壤有害病菌的滋生，否则休养生息无效。

休耕对提高土壤肥力、保持水土、保护生物多样性和改善农田环境功能等方面起到了重要作用。稻田休耕后水稻根系腐化，造成土壤有机质及有效磷显著增加；长期以来，稻田耕地地力消耗过大，导致土壤养分失衡、土壤肥力和有机质下降，而且某些有机肥料所含有的重金属还会威胁人体健康。有机稻田休耕可以减少相关生物农药和肥料投入，缓解性休耕能够很好地维持或提高土壤养分含量，添加秸秆显著增加土壤碱解氮和速效钾的含量。

根据耕地肥力和土壤质量状况，以及受污染程度，是决定耕地轮作或休耕或两者共存最重要的因素，如已存在严重的耕地土壤污染，特别是重金属污染，则必须实行休耕。轮作与休耕共存，是"休""养""用"的统一。"休"是积极的"休"，在"休"的过程要尽量地"养"，通过种植养地作物（绿肥、豆类作物等）、采取养地措施（土壤耕翻晒垡、秸秆还田、施用有机肥等）以达到"养"地的目的。耕地不论是"休"，还是"养"，其目的均是恢复、培养、提高土壤肥力，提升有机稻田的生产力，以便更好地"用"。

有机水稻稻田休耕与轮作共存的主要模式如下。

（1）冬耕晒垡模式。在休耕区域实施冬耕晒垡，可有效解决当前普遍存在的耕地耕层浅、土壤紧实、作物根系下扎困难、土壤有毒有害物质积累等问题。

（2）增肥培肥模式。在休耕区域内，增施适量经腐熟的畜禽粪便、沼液、沼渣、商品有机肥、高含菌量生物制剂、基质等。

（3）种植绿肥植物。绿肥种植培养增加土壤肥力重要方法。一般冬季种植紫云英、蚕豆、豌豆等绿肥植物，在初花至盛花期翻埋入土，能大量增加土壤中的有机质和氮、磷、钾、钙、镁和各种微量元素。翻埋后注意保湿，有利于绿肥腐化分解。

（4）用养结合模式。在种植作物、消耗地力的过程中，注重养地，用地与养地相结合，这是耕地休耕的最佳模式，也是中国农业长兴不衰之"秘密"所在。具体而言，在种植水稻等耗地作物的同时，通过秸秆还田、间套绿肥或豆类等养地作物、增施有机肥、水旱轮作、合理轮耕等各种养地措施，达到用养结合、地力常新的目的。

## 二、有机水稻生产体系内循环的多元复合型技术应用模式

除了上述有机水稻生产体系内循环单项技术应用模式已描述外，还可采用了以下的多元复合型技术应用模式。

（1）休耕与水旱轮作兼用模式。其中，突出水旱轮作中的"稻—绿肥""稻—豆科""稻—瓜""稻—菜"等兼有共作。南方稻区有些生产单位在有机水稻生产单元的地块中有一部分休耕的地块，让其自然长草或绿肥作物等。

（2）水旱轮作与种养结合并存模式。这种模式既有水旱轮作稻田的"种养结合"，如轮作玉米、高粱、向日葵等高秆作物时放鸡养殖；也有单纯地与有机水稻同生同长的"种养结合"，如"稻鸭共育""稻蟹共养""稻鱼共生""稻螺共作（北方稻区）"等。

（3）休耕、水旱轮作与种养结合复合模式。这种模式的特点是在有机水稻生产单元的地块中，以各1/3面积来划分模式应用。休耕或水旱轮作地块既满足有机产品认证的要求，又实现稻田地力修复和培肥之需。"种养结合"应用稻田，既对有机水稻生产的病虫草害有抑制作用，又对稻田培肥起辅助作用，还能体现生产者的生态效应、经济效益等。

## 三、有机水稻生产体系内外结合的组合集成技术应用模式

此类组合集成应用模式目前在有机水稻生产中被广泛采用并创新，归纳起来主要有以下几种。

（1）稻田基肥（轮作绿肥+堆沤制农家肥）+追肥（堆沤制农家肥）。

（2）稻田基肥（稻草还田+堆沤制农家肥）+追肥（堆沤制农家肥）。

（3）稻田基肥（农家厩肥+沼肥）+追肥（适用商品类肥料）。

（4）稻田基肥（轮作绿肥+堆沤制农家肥）+追肥（种养结合+适用商品类肥料）。

（5）稻田基肥（休耕期间施放农家厩肥+饼肥）+追肥（种养结合+适用商品类肥料）。

（6）稻田基肥（稻草还田+堆沤制农家肥+种植绿肥）+追肥（种养结合+适用商品类肥料）。

# 第七章 有机水稻生产适用肥料肥效试验的操作设计

选用有机水稻生产的适用肥料时，首先要开展肥效的适应性、有效地试验，这已成为当前生产单位、科研技术机构和制造厂商等的一个必不可少的工作环节。因此，有必要对开展田间试验的设计与操作作出描述。

## 一、有机水稻生产适用肥料肥效试验目的和意义

中国有机水稻生产地域宽广，不同地区的自然条件、生产条件、经济条件，任何一项新的农业科学研究成果，并非在任何地区都有增产增收的效果，如果盲目推广应用，可能造成难以补救的损失。因此，有机水稻生产的培肥与科学精准施肥技术在应用之前，各地必须先进行田间试验，通过田间适应性的试验，才能决定这项新技术能否适应当地实际生产中的应用。田间试验是先进的农业科学技术联系农业生产实践的桥梁，是农业技术推广应用的基本程序和原则之一。了解田间试验的有关知识、基本方法及简单的分析方法，有利于农业技术的推广与应用。例如，不同类型肥料的应用最佳效果，不同肥料的最适施用量，不同肥料的最佳使用时间，不同肥料的最合理搭配等，都须经过对比试验和成效分析，选择最佳模式作为本生产单元里的主要应用模式，以达到增产增效目的。

有机水稻生产适用有机肥料选择应把握3个标准（目标）：一是等量标准，即单位重量的肥料换回更多的农产品；二是经济标准，即较少的肥料投资获得最大的经济效益；三是质量标准，即施肥要提高产品质量，而施肥的基本原理是指导合理科学精准施肥的理论依据。

## 二、肥效试验及设计的基本要求

农作物的生长发育与环境条件有着密切的关系、而田间试验又是在难以控制的自热条件下进行，这就造成了试验的复杂性。为确保有机肥料试验结果能反映当地的生产实际，有利于精准施肥技术的推广应用，田间试验应做到以下几点。

1. 试验目的要明确

试验项目首先应先抓住当时当地的农业生产实践中急需解决的技术问题，并从发展的角度出发，适当照顾到长远及近期内可能出现的和需要解决的问题。也就是说，对试验预期结果及其在有机水稻生产中的作用要做到心中有数，为什么要进行田间试验，要解决什么技术问题，试验目的必须要明确。

2. 试验设计要有代表性

试验条件应该能代表将来准备推广试验成果的地区的自然条件（如试验地土壤种类、地势、土壤肥力、气象条件等）与农业生产条件（如耕作制度、种植结构、施肥水平等）。只有这样，新品种或新技术在试验中的表现才能真正反映出今后拟推广地区实际生产中的表现，这对于决定试验结果可以利用的程度具有重要意义。但在进行试验时，既要考虑代表目前的条件，还应注意到将来可能被广泛采用的条件。使试验结果既能符合当前需要，又不落后于生产发展的要求。

3. 试验结果要可靠

田间试验的结果必须准确可靠，才能够真正反映出不同处理间的差异。但在一般情况下，试验过程的误差是难以避免的，要尽力减少误差的影响，才能使试验结果准确地反映客观规律。因此，在田间试验时，应采取唯一差异原则。也就是说，除了将试验研究的因素有意识地分成不同的处理外，其他条件应尽量保持一致。如田间试验时的一切农事操作、田间测定和观察记载等，都必须严格执行各项试验技术要求，避免发生人为的差错，尽可能地降低试验误差，提高试验结果的正确性和可靠性。

4. 试验结果能重演

试验结果重演，是指在相同条件下进行同样的试验，能重复获得与原试验相类似的结果。这对于在生产实际中推广农业科学研究成果极为重要。田间试验中不仅农作物本身有变异性，环境条件更是复杂多变。要保证试验结果能够重演，首先应确保试验设计的代表性，其次应仔细明确地设定试验条件，在试验过程的每一个环节中加以严格执行，详细观察并精确记载作物的生长情况，了解和掌握进行试验及作物生长过程中的各项环境条件，以便分析试验结果，找出规律，估计重演性。

## 三、田间试验中应注意的问题

由于田间试验是在自然环境下进行，试验结果经常受到试验处理以外种种因素的影响，即试验结果中既有处理的真实效应，又会有试验误差。试验中发生的误差，大体可分为两类：一类是片面混差。这是由于作物生长发育条件不同而引起的误差。例如，施肥不匀、中耕和灌溉不均等引起的差异。另一类为偶然误差。主要是由于试验地的土壤肥力不均所引起的，是田间试验中最难以控制的因素；其他还有病虫为害等，也是不可避免的。但试验误差与试验中发生的差错是两种完全不同的概念。在试验过程中，差错是不允许发生的，片面误差是可以控制的，而偶然误差却难以控制。

为了有效地减少试验误差提高试验的精确性和可靠性，在田间试验中必须注意以下几方面的问题。

1. 注意选择同质的试验材料

试验中各处理的试验材料在遗传上和生长发育情况上或多或少地存在差异，就会引起误差。因此试验时必须严格选择试验材料。如果试验用的秧苗大小、壮弱不一致时，可按大小、壮弱分档，将同一规格的放在一起，或将各档次的秧苗按比例混合分配于各个处理，这样可减少试验的差异。

2. 注意改进农事操作和管理，使之标准化

在试验过程中，操作人员常常会因技术水平不同，使各处理的操作管理及质量上不能完全一致而引起误差。因此，在试验中一定要注意把各种操作尽可能做到完全一致，都应以重复（区组）为单位进行，减少可能发生的美异。例如，整个试验田内的播种、移栽、除草、施肥及施药等工作能一天完成的尽量在同一天内完成，如果一天内不能完成，则至少要完成一个重复内的所有处理小区的工作。这样，各天之间如有差异，就由于

重复的划分而能得到控制。并且最好由一人完成，如果需要数人同时进行操作时，最好一人完成一个或若干个重复。

3. 注意选择合适的试验地

进行试验时，病虫害的侵袭，人、畜践踏对试验结果也会有影响。采取有效的防治、保护措施，可以将其影响控制在最低限度。但试验地的土壤差异及肥力不均匀引起的误差，则是最难控制的误差。如果能控制土壤差异对处理的影响，就可以有效地降低试验误差，提高试验准确程度。控制土壤差异的主要措施之一是选择合适的试验地。试验地的选择主要考虑如下几个方面。

（1）试验地应有代表性。在气候、土壤等方面，应该能代表试验所在地区的典型特征，并且能实际反映出当地的农业生产状况，以便试验成果的推广。

（2）试验地应选择土质均匀、肥力一致的地块。只有这样，才能通过试验作物生长的整齐度和产量的高低，来判断其品种的优劣和处理的本质效应。

（3）试验地应选择平坦的地势。我们应选择在平坦的地块上进行试验，而不应选在低洼地或高坡上。因为地势的变化将引起试验地各个部分的温度、湿度、土壤通气等情况的不同，影响农作物的生长发育。在不得已的情况下，可采用同一方向倾斜的缓坡地，但也应该是平整的。试验时，要特别注意小区的排列，务必使同重复的各小区设置在同一等同线上，使肥力水平和排水条件较为一致。

（4）试验地的位置要适当。试验地应选择用光充足、四周有较大空旷地的田块，而不宜过于靠近树林、房屋、道路、水塘等，以免遭受遮阳影响和人、畜、鸟、兽、积水等的偶然因素影响。四周最好种有相同于试验用的作物，以免试验地孤立而易受雀害等。这对控制试验误差，提高试验的可靠性有一定的作用。

# 四、田间试验的方法步骤

## （一）田间试验的设计

田间试验设计是整个试验的依据，试验能否取得预期效果，与设计是否正确有密切关系。田间试验设计一般应包括种植计划、田间种植图和观察记载表。

（1）种植计划。种植计划包括下列项目：一是试验的名称、地点及时间；二是试验的目的、内容；三是试验地的基本情况，包括面积、位置、土壤肥力、前茬等；四是供试处理及试验材料名称；五是试验设计，包括小区面积、长、宽、行数、重复次数及排列设计方法等；六是播种方法；七是栽培管理措施；八是田间观察记载及室内考种项目等。

（2）绘制田间种植图。将试验地以实际地块为依据，绘出平面图并标出方向，以便了解试验的分布状况。图中应有编号，并注明各区情况。

## （二）试验的播前准备

（1）试验地的整地与施肥。整地时要做到耕深一致、土地平整，尽量在1~2天内完成。基肥要充分腐熟，质量一致，施肥要均匀。

（2）田间区划。平整土地后，将进行田间区划。按照种植图所绘的整个试验地的总长度和总宽度，丈量土地，划分出田间试验重复区小区、走道和保护行等，必要时设计好垄沟，做好畦。具体操作是：先在试验地的一角用木桩定点用绳索把试验区的一边固定，在定点处按照"勾股弦"定律划出一直的（可把皮尺的0米、3米、7米、12米处分别定在直角三角形的3个点上），在此直角处另拉一根绳索，即为试验区的第二边，并以同法划出第三边、第四边。当划出整个试验区后，即可按要求和田间种植计划，划分重复区、小区、走道和保护行等，区划完成后，应在每个小区前插上木牌、标明区号及处理名称。

（3）水稻种子准备。试验必须准备质量好且整齐一致的水稻种子，对于质量差的种子应进行精选，须事先测定种子的千粒重和发芽率。力使各小区（或各行）的可发芽种子数基本相同。然后根据预先设计好的各小区或各行播量，称量种子分别装入一个纸袋，袋面上写小区号码。水稻种子准备时，可把每小区（或各行）种子装入穿有孔的尼龙丝网袋中，挂上编号的小竹牌或塑料牌，以便进行浸种催芽。需药剂拌种以防治苗期病虫害的，应在准备种子时做好拌种。

## （三）播种和栽培管理

（1）播种和移栽。播种是试验地田间作业最重要的环节，要求行长相等，行直，播种深度一致。撒籽时首先撒稀些，剩下的种子再补撒一遍。撒完后种子袋放回小区标牌处，以核对无误再收回空袋，待播完一个重复后，再播另一个重复。出苗后，要及时检查所有试验小区的出苗情况，如有漏播或过密必须设法补救或匀苗。

进行移栽的试验，取苗时要求秧苗的大小和壮弱均匀一致，差异较大的可分级，不同重复移栽不同等级的秧苗，或将各档次的秧苗按比例混合分配到各个处理中去。

（2）栽培管理。试验田内栽培管理除处理项目所规定的不同要求外，其他措施如施肥、浇水、中耕等都要求均匀一致。并且各项技术操作人员及进行的时间、工具、方法、数量、质量等都力求相同。一个试验的田间作业最好在同一天内完成，如遇到天气突然变化，无法在当天完成时，至少也应坚持完成一个重复区组的作业。

## （四）田间试验的调查记载

系统、正确地做好田间观察记载工作，掌握真实而丰富的第一手材料，将有助于正确分析试验的结果。

（1）气候条件的观察。记载。由试验人员对气象资料进行记载，对于特殊的气象条件如冷、热、风、雨、霜、雪、雹等灾害性气候以及由此引起的作物生长发育的变化应及时记载下来。

（2）田间管理情况记载。整个试验过程中的农事操作，如整地、施肥、除草、灌水等，应将每项田间操作的日期、数量方法等详细加以记录。

（3）作物生长发育动态的记载和测定。在整个试验中，要观察各个物候期（或称生育期）、形态特征、特性、生长动态、抗逆性等。

（4）室内考种及测定。作物的某些性状如穗长、每穗粒数、千粒重等可在室内进行测定。室内考种的样本要在作物成熟后收获前及时采取，每个样本捆成一捆，挂上标签，写明试验处理名称、重复号、小区号。

（5）收获与脱粒。收获时，保护行已成熟的应先收割，然后根据各小区的成熟情况，成熟早的先收，成熟晚的后收，每一小区收完后，挂牌进行核对，无误后再运输脱粒。

脱粒时，按小区分别脱粒、晒干，然后称重，并将取样的那部分产量加到有关小区，以求得实际产量。

为使收获工作顺利进行，避免发生差错，田间试验的收获、运输、脱粒、晒干、测产、贮藏等工作，必须专人负责，随时检查核对。

## 五、试验设计及其结果分析

为了获得准确、可靠的试验结果，为新技术推广提供依据，试验前应进行合理的试验设计，试验后应对实验数据进行相应的统计分析。常用的田间试验设计有对比法、间比法、随机区组裂区、拉丁方等设计方法。

# 第八章　相关适用商品类肥料生产使用效果的评价报告摘录

为了使有机水稻生产单位和有机科研机构、农业技术推广部门及适用商品类肥料制造厂商等，学习、借鉴并开展相关的评价工作，在这里摘录了部分评价报告的事例，以便参考。

## 一、报告摘录之一——有机肥料不同种类、不同用量及不同施肥方式在有机水稻生产中交叉试验技术报告[①]

为验证有机肥料在有机稻上的应用效果和促进的水稻生产、抗旱衰及增产性，为大面积推广提供科学依据，2011 年，在浙江省瑞安市金川有机稻米专业合作社高山梯田（杜上、山林、对抗村）开展了有机肥料不同种类、不同肥量及不同施肥方式交叉试验，试验通过田间记载观察、各项数据的对比分析，掌握了不同有机肥料、不同施肥方式对有机水稻生长、抗逆性表现、品质产量及经济效益的不同影响，试验结果表明了迟效有机肥作基肥、速效肥作追肥的最佳有机肥料施用方式，同时也验证了最佳施肥用量和最佳施肥时间，为瑞安市有机水稻生产中的稻田培肥和适用有机肥料施用提供了技术支撑和科学依据。因此，其对有机稻米的生产与管理具有一定的科学指导作用。

### （一）材料与方法

1. 供试肥料

腐熟牛猪栏（农家肥）和菜籽饼（市场购买）。

---

① 本报告由浙江省瑞安市粮油经济作物站吴树业、郑晓微、卢明和、何忠林、许聪蕾编写

2. 试验田基本情况

试验田设在杜山村、山林村、对抗村，由王绍银、王德金、王德畴农户责任田。试验田土壤肥力均衡。水稻品种（组合）为中浙优 1 号。

3. 试验设计

大田试验设 3 个处理，随机排列，不设重复。大区田以原有山田梯形，田块面积 0.3 亩以上，田块与田块之间对比，尽可能连片，多点试验，单株记载（高山梯田面积小）。基肥统一施用腐熟牛猪栏 10 担①，Ⅰ处理不追肥，Ⅱ处理+追肥 2 担，Ⅲ处理+追肥菜籽饼 75 千克，田间其他管理一致。处理如表 8-1。

表 8-1　试验处理

| 处　理 | 基　肥 | 追　肥 | 方　法 |
|---|---|---|---|
| Ⅰ | 腐熟牛猪栏 10 担/亩 | 不追肥 | 腐熟牛猪栏作基肥+追肥；菜籽饼作追肥 |
| Ⅱ | 腐熟牛猪栏 10 担/亩 | 腐熟牛猪栏 2 担/亩 | |
| Ⅲ | 腐熟牛猪栏 10 担/亩 | 菜籽饼 75 千克/亩 | |

4. 田间调查记录

（1）秧田调查：在用肥后 10 天，采用对角线 5 点取样法取样，每点连续取样 30 株。分别调查株高、叶长、根长、根数、株直径、干重等。

（2）田间观察不同肥料对水稻的丰产性、抗旱衰等情况，并进行产量验收和室内考种，记录结果并分析经济效益。

## （二）　结果与分析

1. 秧田期表现

调查结果表明：使用腐熟牛猪栏（10 担）+菜籽饼后的秧苗在植株上的表现都较Ⅰ和Ⅱ两个处理优异，根量多、植株直径粗，表明其生长更为健壮，使得移栽到大田后秧苗的立株返青快、促进有效分蘖，从而为培养高产、抗病虫植株奠定基础。Ⅱ处理，秧苗素质虽比Ⅰ处理有所提升，但未达显著表现（表 8-2）。

---

①　1 担＝50 千克，全书同

表 8-2　秧田调查结果

| 处　理 | 株　高<br>（厘米） | 根　长<br>（厘米） | 叶　长<br>（厘米） | 根　数<br>（条/株） | 直　径<br>（厘米/10株） |
|---|---|---|---|---|---|
| I | 16.4 | 4.6 | 8.4 | 7.5 | 2.5 |
| II | 17.3 | 5.2 | 9.2 | 8.4 | 2.7 |
| III | 19.1 | 6.1 | 10.3 | 10.2 | 3.2 |

注：杜山村、山林村、对抗村3个试验点记载数据加权平均

**2. 不同有机肥料对水稻的影响**

各处理施用肥后，均无贪青现象；施用腐熟牛猪栏（10担/亩）+菜油饼的III处理，稻株生长后期仍青枝蜡杆，稻穗谷粒饱满干净；施用腐熟牛猪栏（10担/亩）+不追肥的I处理，以及腐熟牛猪栏（10担/亩）+追肥腐熟牛猪栏（2担/亩）的II的稻株生长后期出现早衰或贪青倒伏现象；施用腐熟牛猪栏（10担/亩）+菜籽饼（75千克/亩）的III处理小区的株高、穗长、结实率、千粒重均比I处理的高，也比II处理略高（表8-3）。

表 8-3　肥料试验考种结果

| 处　理 | 平均株高<br>（厘米） | 平均穗长<br>（厘米） | 亩丛数<br>（万丛/亩） | 有效穗<br>（万穗/亩） | 平均穗<br>总粒数<br>（粒/穗） | 平均穗实<br>粒数 | 平均结<br>实率（%） | 平均千粒重<br>（克） |
|---|---|---|---|---|---|---|---|---|
| I | 103.6 | 23.1 | 0.642 | 7.924 | 132.8 | 124.1 | 90.4 | 28.23 |
| II | 106.5 | 26.3 | 0.675 | 8.596 | 155.4 | 140.3 | 90.3 | 28.51 |
| III | 110.1 | 28.7 | 0.639 | 8.941 | 169.2 | 151.6 | 89.6 | 28.56 |

注：杜山村、山林村、对抗村3个试验点记载数据加权平均

**3. 对抗逆性的影响**

水稻收割前5天，各处理随机抽5点，每点5丛，共25丛，记载病丛数计算病丛率；总株、病株数，计算病株率；总粒数、病粒数，计算粒病率。结果表现，施用腐熟牛猪栏（10担/亩）+菜籽饼（75千克/亩）的III处理的稻叶增厚、色泽浓绿，功能叶寿命增长，收割时植株青枝蜡杆，没有早衰或贪青倒伏现象。田间及室内晒干观察，各个处理，谷粒色泽黄爽，无异常斑点，纹枯病、稻瘟病及虫害表现都不明显。

4. 产量比较及经济效益分析

结果表明，施用腐熟牛猪栏（10 担/亩）＋菜籽饼（75 千克/亩）的 Ⅲ处理的平均亩产量最高为 391.26 千克，比Ⅰ处理 246.68 千克亩增产 144.58 千克，增幅 58.6%，按照金川有机稻米专业合作社订单每 50 千克有机稻谷 300 元统一收购价计算，亩增收益 867.48 元；比Ⅱ处理 344.12 千克亩增产 47.14 千克，增幅 13.7%，亩增收益 282.84 元，增产增效显著（表 8-4）。

表 8-4　肥料试验各处理产量及经济效益对照

| 处　　理 | 理论产量（千克） | 实际产量（千克） | 比对亩增产（千克） | 亩产增幅（%） | 比对亩增收（元） |
|---|---|---|---|---|---|
| Ⅰ | 277.6 | 246.68 | | | |
| Ⅱ | 343.8 | 344.12 | 97.44 | 39.5 | 584.64 |
| Ⅲ | 387.1 | 391.26 | 144.58 | 58.6 | 867.48 |

注：干谷收益按金川有机稻米专业合作社统一收购价 300 元/50 千克计算

## （三）小结与建议

（1）试验结果表明，在施用基肥腐熟牛猪栏 10 担的基础上，再追施 75 千克菜籽饼，对有机水稻增产效果明显，平均产量达 391.12 千克，比施用基肥腐熟牛猪栏 10 担的基础上不追施肥料的高 58.6%，比再追施腐熟牛猪栏 2 担的高 39.5%，分别增加收入 867.48 元和 282.84 元。因此，在有机水稻生产上，施用基肥腐熟牛猪栏 10 担，再追施 75 千克菜籽饼的应用技术，增产增效明显，在有机水稻实际生产上应用推广价值很高。

（2）田间观察，施用基肥腐熟牛猪栏 10 担，再追施 75 千克菜籽饼的稻株均无早衰或贪青倒伏现象。因此，基肥腐熟牛猪栏 10 担，再追施 75 千克菜籽饼的施肥技术对有机水稻生产安全。

（3）建议在山区有机水稻生产中，还需增加密度至每亩 0.8 万~0.9 万丛，提高亩有效穗，从而提升单位面积产量。

## 二、报告摘录之二——"清大元农"生物高氮有机肥等在有机水稻上应用试验的技术报告[①]

北京清大元农生物科技有限公司一直致力于有机农业投入品肥料的生产配方研发和应用推广。自公司成立来，陆续研发出11%高氮有机肥、蚯蚓液体肥、微生物菌剂等配方产品，并获得了相关产品的发明技术专利和实用新型技术专利。系列产品在投放市场后，先后通过了东方嘉禾、五岳华夏、爱克赛尔等国内多个有机认证机构的评估与认可，在全国及东南亚和中北美地区有机水稻生产上推广应用面积达70多万亩次。通过各有机水稻基地多年来实际生产上的应用与验证，"清大亢农"11%高氮有机肥和蚯蚓液体肥在有机水稻生产上所表现的肥效特点极明显、增产效果特显著、使用操作最方便。

### （一）肥效特点

（1）养分含量高。11%高氮有机肥，含天然腐殖酸、氨基酸、水解蛋白、有益活性菌，养分丰富全面，尤其是氮磷钾总养分高达11%，是目前国内经过有机评估的肥料当中养分含量最高的有机肥产品，能为有机水稻长效供应所需养分。蚯蚓液体肥是从蚯蚓及蚯蚓分泌物中提取出来的，与普通有机肥相比最大的特点是采用蚯蚓提取液做母液，代替并超越目前国内普遍用清水做母液养分不全的弊端，属国内创新。蚯蚓提取液富含全部的中微量元素，营养全面，即可以作冲施肥，也可以作叶面肥。

（2）肥效释放快。一般有机肥料肥效特别慢，不契合有机水稻需肥规律，是有机肥料使用上的一大弊端。"清大元农"生态肥肥效释放快，有效解决了有机水稻中后期生长营养所需问题，根据试验报告，与普通有机肥比较肥效释放时间缩短了15天左右，追肥效果明显。

（3）省工又节本。生态肥用量少，节省人工，节约成本。相当于有

---

① 本技术报告由北京清大元农生物科技有限公司提供，该公司已取得的肥料登记证号为农肥（2017）零字13576号、农肥（2017）零字13787号。有机生产资料评估证明为北京五岳华夏管理技术中心颁发，证书上无证明号。本技术报告2016年6月编写，编写人员：李英（女），北京清大元农生物科技有限公司总经理；刘兴飞（男），北京清大元农生物科技有限公司技术部经理

机种植中的速效肥；通过快速撒施和追施，能够有效解决普通有机肥、农家肥施肥量大，费工费时的缺点，减轻农户的劳动负担。据试验记载，使用"清大元农"有机肥，每亩可节约人工成本费用 79~90 元/亩，达到了节本增效目的。

（4）增产又增效。通过大连兴龙、五常长山、红星农场、上海光明米业等基地的推广使用，各地均表现出明显的产量增加。增产幅度从 12.25%~30.46%，有效地解决了有机水稻产量偏低的问题。

## （二）增产机理

（1）促进根系生长。生态有机肥含有天然生长调节剂（蛋白质、生化酶等），促进根系发达，提高叶片的叶绿素含量，植物生长健壮，有效增加水稻分蘖。根据江西中大、江西江天、上海光明米业、沧海桑田、海丰农场的试验数据，使用蚯蚓液体肥的根系平均增长 0.48 厘米、稻秧干重增加 0.02 克/株，有效分蘖数增加。

（2）提升植物抗逆性。产品中含天然抗生素，具有愈合植物伤口功能，起到预防病害作用。在江苏等地，通过叶面施用蚯蚓液体肥和根部使用有机肥，表现出胡麻斑等病害减少，病害减轻 30%以上。

（3）改良土壤，提升土壤肥力。通过在吉林松原、江苏大丰等农场使用，对于盐碱地块的改良和水稻生产有较好的促进作用，稳步提升水稻产量，逐年改善根部土壤环境，活化土壤、提高土壤肥力。

（4）改善产品品质。

## （三）关键技术

（1）秧田处理。水稻育秧时，每亩使用 11%高氮有机肥 40 千克作为基肥，保障苗期营养；出苗后 2 叶 1 心期，叶面喷施 200~300 倍蚯蚓液体肥，促进分蘖。

（2）在水稻本田，插秧整地时，使用 11%高氮有机肥 150 千克/亩作为底肥，为水稻全年丰产做好基础，可配合当地普通有机肥、土杂肥一起使用。

（3）拔节期至孕穗期，根据土壤肥力和长势，追施清大元农高氮有机肥 40 千克/亩。在此过程中，可以使用蚯蚓液体肥 200~300 毫升/亩喷施 2 次。

## （四）"清大元农"有机肥在各有机水稻生产基地的应用效果总结

1. "清大元农"有机肥在黑龙江五常有机水稻肥效的应用试验总结

为了探索五常市明泉水稻种植农民专业合作社 4 000 亩有机水稻的有机肥试验效果，五常市明泉水稻种植农民专业合作社特安排此试验。

试验地点安排在五常市长山乡爱民村。土壤质地为中壤土。水稻于 2016 年 4 月 26 日播种，5 月 18 日移栽，10 月 24 日收获。

（1）试验材料。供试水稻品种为五优稻 4 号，供试肥料为当地 5% 有机肥、豆饼、"清大元农" 11% 高氮有机肥（40 千克/包）、"清大元农"蚯蚓液体肥，海藻叶面肥。

（2）试验设计。各处理小区面积 20 平方米，试验根据施肥量、施肥时期、施肥种类不同共设 5 个处理，3 个重复，每个小区之间采用筑埂隔断并覆盖塑料模进行分开。①处理 1 底肥为"清大元农" 11% 高氮有机肥 150 千克/亩，分蘖期追施"清大元农"高氮有机肥 50 千克/亩。②处理 2 底肥为豆饼 200 千克/亩，分蘖期追施高氮有机肥 50 千克/亩。③处理 3 底肥为"清大元农" 11% 高氮有机肥 150 千克/亩，分蘖期追施"清大元农"高氮有机肥 50 千克/亩+蚯蚓液体肥喷施 2 次。④处理 4 底肥为"清大元农" 11% 高氮有机肥 150 千克/亩，分蘖期追施"清大元农"高氮有机肥 50 千克/亩+喷施海藻肥 2 次。⑤处理 5（CK）：底肥为 5% 氮当地有机肥 500 千克，分蘖期追施"清大元农"高氮有机肥 50 千克/亩。小区排列采用随机排，设计如图 8-1。

| 处理 2 | 处理 4 | 处理 5 | 处理 1 | 处理 3 |
| 处理 5 | 处理 1 | 处理 3 | 处理 4 | 处理 2 |
| 处理 4 | 处理 2 | 处理 1 | 处理 3 | 处理 5 |

**图 8-1 试验小区排列**

（3）结果与分析。2016 年 10 月 23 日对不同处理小区的水稻分别进行采收，晒干后分别称其重量。试验结果得知，在相同追肥的情况下，底肥为 150 千克的高氮有机肥增产效优于 200 千克豆饼的产量，200 千克豆饼的处理优于 500 千克 5% 氮本地有机肥的处理，在相同底肥和追肥的情况下，添加叶面肥的处理产量相对较高，"清大元农"蚯蚓液体肥与海藻肥相比产量更高，同时发现蚯蚓液体肥的处理稻曲病相对发生轻，具有一定的抗病效果，4 个处理与当地普通有机种植相比分别产量增加 23.51%、15.42%、30.46%、25.87%，其中处理 3，即以底肥为"清大元农"11% 高氮有机肥 150 千克/亩+分蘖期"清大元农"高氮有机肥 50 千克/亩+蚯蚓液体肥喷施 2 次的处理产量最高；其次是处理 4，即底肥为"清大元农"11% 高氮有机肥 150 千克/亩+分蘖期"清大元农"高氮有机肥 50 千克/亩+喷洒海藻肥 2 次的处理。从考种的实产结果看出，"清大元农"11% 高氮有机肥在水稻生长过程中，能形成前促、中稳、后足的肥料利用过程，适合水稻生长规律的基本要求，故能表现出较好的施肥效果，加上蚯蚓液体肥抗病及补充氮基酸及多种中微量元素，试验数据上可达增产 30.45% 的效果（表 8-5）。

表 8-5 各处理产量

| 处　理 | 处理区实际产量<br>（千克/区） | 折合实际亩产量<br>（千克/亩） | 增产率<br>（%） |
|---|---|---|---|
| 处理 1 | 16.55 | 385.00 | 23.51 |
| 处理 2 | 10.75 | 358.34 | 15.42 |
| 处理 3 | 12.15 | 405.00 | 30.46 |
| 处理 4 | 11.65 | 388.34 | 25.87 |
| CK（常规有机种植） | 9.85 | 311.67 | |

（4）结论与讨论。本试验结果表明，根据土质情况及土壤供肥状况，对水稻采取两次施用"清大元农"高氮有机肥的方法，并配合叶面肥的处理，特别是喷施"清大元农"蚯蚓液体肥的处理能充分体现出肥料的使用优点，有效满足水稻整个生育期生长需要，"清大元农"11% 高氮有机肥的速效、缓释不脱肥等特点均能在水稻上充分体现，具有普通有机肥或饼肥所不及的突出优点，加上养分高、释放快、用工少的特点，建议整个农场 4 000 亩水稻逐步扩大生产应用。

2. "清大元农"有机肥在大连兴农垦有机水稻上的应用效果总结

本应用效果报告由大连农垦有机粮油有限公司于 2012 年 12 月总结。大连兴龙垦有机粮油有限公司是一家种植与销售有机大豆、玉米、水稻等杂粮类作物的大型种植基地，总占地面积是 14 万亩，其中有机水稻种植面积 5 万亩，分别在黑龙江嫩江县和五常地区，为了验证"清大元农"

生态肥料与当地有机肥之间的效果差异，特安排在黑龙江嫩江县九三管理局西村进行生态肥肥效的对比试验。

（1）试验设计。大区试验不设重复，每个处理面积为2亩，土壤肥力一致，有机质含量2.1%。水稻品种为9998-3号，移栽时间5月12日。①处理1：底肥机播"清大元农"的11%高氮有机肥200千克/亩，分蘖期追施11%高氮有机肥30千克/亩，返青期采用蚯蚓液体肥150毫升/亩，稀释300倍进行叶面喷施，15～20天再喷施第二次。②处理2（常规对照）：底肥使用豆饼200千克/亩+6%氮本地生物有机肥100千克/亩，分蘖期追施氮本地生物有机肥50千克/亩，返青期前后追施叶面海藻肥150毫升/亩，稀释400倍，进行叶面喷施。

（2）试验结果。本示范试验收获时间10月8日，按照5点取样进行测产，处理1亩产526.34千克，处理2（对照）亩产468.89千克。处理1较对照亩增产57.45千克，增幅12.25%，按照每千克水稻10元的销售价格来计算，则亩收入增加574.5元。处理1在整个生长期，肥效充足，叶片厚实、根系发达，色泽纯绿，后期不脱肥。

从成本核算，处理1采用"清大元农"生态肥，其每亩地肥料的投入为620元，处理2采用普通种植，其每亩地肥料的投入为655元。"清大元农"肥料每亩地的人工费用为50元，普通有机肥处理由于肥料用量大，每亩地的人工费用为90元。仅从肥料成本和人工成本来计算，处理1的总成本为670元，处理2的总成本为749元。采用"清大元农"肥料的处理1费用节省了79元/亩。

（3）结论分析。市场上的商品类有机肥品种繁多，不同品牌的肥效差异较大，通过这次对比试验，北京"清大元农"生物科技有限公司的11%高氮有机肥和蚯蚓液体肥肥效显著，增产12.25%，产量明显高于常规种植，供肥充分，投入产出比很有优势，平均节省肥料及人工成本11.79%，具有良好的经济效益。水稻是需肥量较大的作物，"清大元农"高氮有机肥以其养分高、释放快、用量少、成本低的优势基本上可以充分满足了水稻整个生长期的需要，"清大元农"蚯蚓液体肥促进了叶片对养分的吸收。

3. "清大元农"有机肥在江西中大有机水稻上的应用效果总结

本应用效果由江西中大生态农业科技发展有限公司2015年11月总结。江西中大生态农业科技发展有限公司基地属于冲积平原，四面环水，地形酷似岛屿，总面积约 15 000 亩，基地集生产、加工、销售于一体，形成了以有机稻生产为主，畜禽生态养殖、果蔬精品种植、候鸟观光休闲为辅的有机发展模式。

（1）试验设计。本试验示范作物为水稻。试验材料为"清大元农"蚯蚓液体肥、清水、"清大元农"11%有机肥、5%氮本地有机肥。采用两个示范试验，每个示范试验采用两个处理，不设重复。

示范试验一包括两个处理：处理 1 为"清大元农"蚯蚓液体肥叶面喷施；处理 2 为清水叶面喷施。喷施时期：秧苗期、分蘖期、拔节期、孕穗期、灌浆前期，具体施肥次数及用肥时间根据水稻长势而定。施肥方法：125 毫升蚯蚓液体肥兑水 15 千克水进行苗床淋施及大田叶面喷施。整个生长季节使用 3~5 次。底肥均采用 500 千克 5%氮当地有机肥，分蘖期追施 100 千克 5%氮本地有机肥。

示范试验二包括两个处理：处理 1 采用 11%高氮有机肥的处理，先把土杂肥进行撒施，再亩撒施 11%高氮有机肥 200 千克，然后耕田平地进行插秧，分蘖期每亩撒施 30 千克 11%高氮有机肥；处理 2 采用当地颗粒有机肥施肥处理，先把土杂肥进行撒施，再亩撒施 5%氮本地有机肥 500 千克，然后耕田平地进行插秧，分蘖期每亩撒施 100 千克 5%氮本地有机肥。叶面肥采用"清大元农"蚯蚓液体肥，其施肥时期及用量均与示范试验一相同。

（2）水稻使用蚯蚓液体肥喷施效果描述：①水稻苗床淋施蚯蚓液体肥，可以明显促进秧苗发根能力，增加根系长度，提高秧苗的干物质重量，2012 年 5 月移栽前技术人员随机对秧苗进行考察，与清水淋施对照相比，150 倍液根长平均增长 0.48 厘米，干重平均增加 0.02 克/株。②苗期施用蚯蚓液体肥表现叶色浓绿，生长旺盛，且根系发达，对于水稻叶片因缺养分发黄的现象有很好转绿效果。③中后期施用蚯蚓液体肥，叶色增绿，后期灌浆籽粒饱满，据不完全统计，与清水对照相比，水稻平均产量增产 11.5%，取得了良好的增产效果。

（3）蚯蚓液体肥与 11%高氮有机肥配施效果：①采用 11%高氮有机肥的处理苗期生长旺盛，植株健壮，根系发达，主根长。5%氮本地有机肥处理的秧苗略显瘦弱，肥力不足。②分蘖期两个处理分别进行了追肥，采用 11%高氮有机肥须根多，有效分蘖高。③11%高氮有机肥的处理与当地 5%氮当地有机肥相比成熟期不早衰，籽粒饱满，收获后对产量进行了统计。从表8-6可见，3块示范田分别增产63.0千克、57.1千克、63.5千克，平均增产61.3千克，平均增幅达19.8%，按照每千克批发价4.5元计算，则每亩增加收入634元，同时由于11%高氮有机肥用量少，大大节省了人工投入。④投入成本比较：本示范试验按照同成本进行设计，11%高氮有机肥的处理亩成本为506元，5%氮本地有机肥亩成本为520元，两者成本相差不大。

表8-6　示范试验有机水稻产量对比

| 地　块 | 示范田产量<br>（千克） | 对照田产量<br>（千克） | 增产量<br>（千克） | 增产率（%） |
|---|---|---|---|---|
| 示范田1 | 384.5 | 321.5 | 63.0 | 19.6 |
| 示范田2 | 390.5 | 332.5 | 57.5 | 17.3 |
| 示范田3 | 429.5 | 350.5 | 63.5 | 18.1 |

（4）试验结论。①"清大元农"11%高氮有机肥养分高、释放快、用量少，在同成本情况下，底肥采用11%高氮有机肥与土杂肥一起施用，分蘖期追肥11%高氮有机肥，并定期喷施蚯蚓液体肥进行叶面施肥，可以满足有机水稻生长的需要，平均增产18.3%，同时由于高氮有机肥用量少，可以有效节省人工投入，具有良好的经济效益。②11%高氮有机肥与蚯蚓液体肥的组合，综合效果优势明显，可以增加有效分蘖和千粒重，促进水稻根系发达，植株健壮。

## 三、报告摘录之三——"小瓢虫"有机肥在有机水稻种植上应用试验的技术报告[①]

我国化肥施用量约占全世界的1/3，粮食产量仅为全世界的大约1/5。大量化肥的低效投入，会对自然环境造成巨大伤害：土壤板结、盐渍化、酸化、环境污染等。随着政府提出美丽乡村建设的战略决策，农产品安全

---

① 本技术报告由江苏小瓢虫生物科技有限公司提供。该公司已取得的肥料登记号：农肥（2017）临字13787号、农肥（2017）临字13576号。有机农业生产资料评估证明为南京国际有机产品认证中心颁发，证明号1P-0109-932-2664。本技术报告于2017年12月20日编写，编写人员：邓永议（男），江苏小瓢虫生物科技有限公司总经理；黄连超（男），高级农艺师；吴酬飞（男），博士，副教授

问题越来越受到广大国民的高度重视，国内有机种植发展势头非常迅猛。

有机水稻完全不使用化学肥料、化学农药、激素等，在实际生产中遇到许多难题。难题之一就是土壤地力下降的情况下，如何保证有机水稻产量不至于大幅度降低。部分种植户完全不施用任何化肥和有机肥，回归原始的农耕方式，无疑是一种倒退。而部分种植户则大量施用鸡粪、垃圾污泥有机肥等，对环境造成再次伤害。

本试验旨在通过不同优质有机肥的投入对水稻产量及各个性状的影响进行研究，找出最适合有机水稻的适用肥料，为选择适用有机肥料提供科学依据。

## （一）试验材料与设计

1. 试验地点及试验作物、品种

试验地点：浙江省台州市仙居县双庙乡长岗段达亨种养殖专业合作社。

水稻品种：竹香 4 号。生育期 128 天，籼稻品种，粒长 5.9 毫米、长宽比 3.1、直链淀粉 16.3%、胶稠度 75 毫米、垩白率 5%、垩白度 0.8%、精米率 73%、植物蛋白含量 11.4%、总氨基酸含量 6.5%，米饭竹香浓郁、口感柔软舒适，特别适合有机种植。

耕作模式：直播稻、有机种植。

播种时间：2017 年 5 月 15 日，成熟期 10 月 18 日，实际生育期 153 天。

2. 试验肥料

大豆饼：市面购买大豆饼自行发酵 4 个月以上，有机质及养分含量未做检测。

"小瓢虫"有机肥：有机质 60%、养分 6%、粉剂，进口木薯原料制作，历经酵母发酵、厌氧发酵、高温好氧发酵 3 次发酵。

"小瓢虫"PB 菌宝：有效活菌数 200 亿个/克。由芽孢杆菌、木霉菌、放线菌、乳酸菌及其代谢产物组成。主要功效是提高肥料利用率、促进土壤和有机肥中磷钾的释放、补充土壤有益菌群、为作物提供舒适的微生态环境。

3. 试验地基本情况

仙居县地理坐标为北纬 28.5°~29°、东经 120°~121°，年平均气温

18.3℃，无霜期 240 天。试验点位于县域内海拔 500 多米的高山，气温偏低，降水量充沛。供试土壤为中等肥力耕地。试验点土壤类型及理化性状如表 8-7。

**表 8-7　试验点土壤类型及理化性质**

| 土壤类型 | 水解性氮（毫克/千克） | 有效磷（毫克/千克） | 速效钾（毫克/千克） | 有机质（克/千克） | pH 值 |
|---|---|---|---|---|---|
| 红　壤 | 52.7 | 36.1 | 45.7 | 23.5 | 5.6 |

4. 试验处理设计

试验设 3 个处理，3 个重复，每个重复小区面积 30 平方米，随机区组设计。每个小区四周做埂并覆盖塑料薄膜隔离，以防渗漏。每个小区只设一个进出水口，灌水后立即封闭，防止串水。

处理 1：底肥 25 千克充分腐熟的大豆饼，不追肥。

处理 2：底肥 25 千克"小瓢虫"有机肥+"小瓢虫"PB 菌宝 0.25 千克，不追肥。

处理 3（CK）：不施肥。

5. 病虫防治

有机种植不能使用化学农药。全生育期喷施"小瓢虫"菌虫净 2 次防治稻飞虱；喷施 3 次"菌植康"预防稻瘟病、纹枯病、稻曲病。整个试验未发生严重的病虫及自然灾害。

## （二）试验结果与分析

1. 各处理对水稻产量的影响

详见表 8-8（pH 值 0.05，下同）。

**表 8-8　各处理水稻产量**

| 处　理 | 重复区组产量（千克/30 平方米） | | | 产量合计（千克/30 平方米） | 亩产（千克/亩） | 比 CK 增产率（%） |
|---|---|---|---|---|---|---|
| | Ⅰ | Ⅱ | Ⅲ | | | |
| 1 | 16.2 | 14.0 | 15.3 | 45.5 | 337.1（b） | 174.1 |
| 2 | 17.8 | 16.3 | 18.1 | 52.2 | 386.7（a） | 214.4 |
| 3（CK） | 5.3 | 6.5 | 4.8 | 16.6 | 123.0（c） | 0 |

表 8-8 数据表明，不施肥的原始有机种植方式产量极低；施有机肥

的两个处理产量均有大幅度提高；处理 1 比对照产量提高 174.1%，施用"小瓢虫"有机肥+"小瓢虫"PB 菌宝的处理 2 比对照产量提高 214.4%，产量提高了两倍。3 个处理之间差异均达到显著水平。

2. 各处理对水稻有效穗的影响

详见表 8-9。

**表 8-9　各处理水稻有效穗**

| 处　理 | 重复区组有效穗（万穗/30 平方米） | | | 平均值（万穗/30 平方米） | 总有效穗（万穗/亩） | 比 CK 增加率（%） |
|---|---|---|---|---|---|---|
| | Ⅰ | Ⅱ | Ⅲ | | | |
| 1 | 0.62 | 0.65 | 0.59 | 0.62 | 13.83（b） | 133.9 |
| 2 | 0.69 | 0.62 | 0.73 | 0.68 | 15.12（a） | 155.9 |
| 3（CK） | 0.23 | 0.26 | 0.31 | 0.27 | 5.94（c） | 0 |

表 8-9 数据表明，不施肥的处理 3 分蘖数极低，亩有效穗极少；施用豆饼和施用"小瓢虫"有机肥+"小瓢虫"PB 菌宝后，水稻有效穗均大幅提高，其中处理 1 比对照提高 133.9%，施用"小瓢虫"有机肥+"小瓢虫"PB 菌宝的处理 2 比对照提高 155.9%。

3. 各处理对水稻每穗实粒数的影响

详见表 8-10。

**表 8-10　各处理水稻每穗实粒数**

| 处　理 | 重复区组每穗实粒数（粒） | | | 平均值（粒） | 比 CK 增加率（%） |
|---|---|---|---|---|---|
| | Ⅰ | Ⅱ | Ⅲ | | |
| 1 | 116.0 | 115.9 | 115.2 | 115.7（a） | 9.5 |
| 2 | 119.9 | 117.5 | 117.8 | 118.3（a） | 11.9 |
| 3（CK） | 104.3 | 107.0 | 98.9 | 105.7（b） | 0 |

表 8-10 数据表明，施用豆饼和施用"小瓢虫"有机肥+"小瓢虫"PB 菌宝后，与对照相比，水稻穗粒数均有较大幅度提高，差异均达到显著水平。其中处理 1 比对照提高 9.5%，施用"小瓢虫"有机肥+"小瓢虫"PB 菌宝的处理 2 比对照提高 11.9%。处理 1 和处理 2 之间差异不显著。

4. 各处理对水稻千粒重的影响

详见表 8-11。

表 8-11　各处理水稻千粒重

| 处　理 | 重复区组千粒重（克） | | | 平均值（克） | 比 CK 增加率（%） |
|---|---|---|---|---|---|
| | I | II | III | | |
| 1 | 24.20 | 24.19 | 24.30 | 24.23（a） | +9.6 |
| 2 | 25.18 | 24.83 | 24.97 | 24.99（a） | +13.1 |
| 3（CK） | 22.1 | 21.9 | 22.3 | 22.10（b） | 0 |

表 8-11 数据表明，不施肥的处理 3 谷粒饱满度差，千粒重低；施用豆饼的处理 1 和施用"小瓢虫"有机肥+"小瓢虫"PB 菌宝的处理 2，水稻千粒重均有较大提高，比对照都达到了显著水平。其中处理 1 比对照提高 9.6%，处理 2 比对照提高 13.1%。处理 1 和处理 2 差异不显著。

5. 各处理对水稻整精米率的影响

详见表 8-12。

表 8-12　各处理水稻精米率

| 处　理 | 重复区组实打整精米（千克/30 平方米） | | | 平均值（千克/30 平方米） | 整精米率（%） | 整精米率比 CK 增加率（%） |
|---|---|---|---|---|---|---|
| | I | II | III | | | |
| 1 | 9.38 | 8.53 | 8.46 | 8.79 | 57.8b | -4.8 |
| 2 | 10.80 | 9.81 | 10.77 | 10.46 | 60.1a | -1.0 |
| 3（CK） | 3.42 | 3.55 | 3.11 | 3.36 | 60.7a | 0 |

表 8-12 数据表明，不施肥的处理 3 整精米率最高，为 60.7%；施用豆饼和施用"小瓢虫"有机肥+"小瓢虫"PB 菌宝后，水稻整精米率略有下降，其中处理 1 比对照降低 4.8%，差异显著；处理 2 比对照下降 1.0%，差异不显著。

6. 各处理对水稻其他经济性状的影响

试验发现，施用试验肥料与不施肥处理 3 相比，水稻叶片更绿，植株长势更好，茎秆更粗壮，稻米香味更浓郁；尤以"小瓢虫"有机肥+"小瓢虫"PB 菌宝的处理 2 表现更突出。

7. 经济效益分析

试验作物不同处理经济效益分析如表 8-13。

表 8-13　各处理经济效益

| 处　理 | 整精米产量（千克/亩） | 价　格（元/千克） | 收　入（元/亩） | 肥料投入（元/亩） | 纯收益（元/亩） | 比 CK 增加（元） |
|---|---|---|---|---|---|---|
| 1 | 195.3 | 120 | 23 436 | 650 | 22 786 | +13 827 |
| 2 | 232.5 | 120 | 27 895 | 1 180 | 26 715 | +17 756 |
| 3（CK） | 74.7 | 120 | 8 959 | 0 | 8 959 | 0 |

该试验农场 2017 年通过有机认证，进入转换期。有机稻米实际销售价格 120 元/千克。施用试验肥料后的处理 1、处理 2 分别比对照增加纯收益 13 827 元/亩、17 756 元/亩。施用"小瓢虫"有机肥+"小瓢虫"PB菌宝的处理 2 比施用豆饼的处理 1 纯收益多增加 3 929 元/亩。

## （三）小　结

（1）不施肥的处理 3 产量极低，说明有机种植不能回归到原始的农耕文明。处理 1 和处理 2 施用有机肥后，产量均有大幅度提高。

施用"小瓢虫"有机肥+"小瓢虫"PB 菌宝的处理 2 与不施肥的对照相比，能使水稻亩产增产 214.4%左右，比施用豆饼的处理 1 也要增产 15%左右，表现最好。

（2）施用有机肥的处理 1 和处理 2 与对照相比，水稻分蘖明显增加、长势旺盛，有效穗分别提高了 133.9%和 155.9%。穗粒数、千粒重也有明显提高。整精米率比对照有所降低，但变化不明显。

施用"小瓢虫"有机肥+"小瓢虫"PB 菌宝的处理 2 与施用豆饼的处理 1 相比，水稻性状均有明显变化，有效穗增加 9%左右，穗粒数增加 2%左右，整精米率提高 4%左右，千粒重增加 3%左右，优势明显。

（3）施用试验肥料后与处理 3（CK）相比，施用有机肥料能使有机种植水稻收益显著增加。施用"小瓢虫"有机肥+"小瓢虫"PB 菌宝的处理 2 收入增加最多。

## （四）讨　论

（1）施用"小瓢虫"有机肥+"小瓢虫"PB 菌宝的处理 2 在产量及田间各个性状上，比施用豆饼的处理 1 表现更好。分析其原因，一是"小瓢虫"有机肥经过 3 次发酵，发酵更充分，小分子活性炭含量更高；二是"小瓢虫"PB 菌宝对补充土壤有益菌、提高肥效、改善微生态平衡有一定帮助。

（2）本试验没有对土壤 pH 值、土壤有机质含量、土壤养分、土壤菌群结构，以及稻米品质等指标的变化进行检测分析，有待其他试验进一步研究。

## 四、报告摘录之四——生物有机肥在有机水稻生产的科学精准施肥上应用试验技术报告[①]

上海昌圩生物科技有限公司（以下简称昌圩公司）是集碳、酶、菌开发为主，以天然中草药植物源营养、免疫、抑菌、驱虫等有效成分提取、研发、生产、销售于一体的现代高科技企业，在全国有加盟合作企业5 家。该企业拥有自主知识产权的四大核心技术：土壤修复剂改良实用综合技术、量子触媒小分子诱导技术、土壤重金属残留稳定的专利技术和农药残留降解专利技术。通过核心专利技术践行"净土工程"，旨在打造无污染、零农残的健康有机食品，重点解决有机农业植物营养免疫、抑菌驱虫等产品措施缺乏及产量下降问题。

### （一）有机水稻示范地点

肇源县位于嫩江平原黑龙江省西南部，是一个以大粮作物生产为主的农业县，境内自然条件优越，水资源丰富，嫩江穿城而过流入松花江，光照充足，土壤有机质含量高，土层深厚、肥沃，有利于有机水稻的生产发展。昌圩公司于 2016—2017 年在该县选择了适宜的有机水稻生产基地作为生物有机肥的应用试验点。

### （二）在有机水稻上的生产原理

"中医农业"是运用中医的阴阳平衡，相生相克的机理，结合中草源萃取的专利技术生产的系列产品在农业上的创新，跨界运用。昌圩公司严格践行发展"中医农业"的实质是"药肥合一"。

---

① 本技术报告由上海昌圩生物科技有限公司提供，该公司已取得的肥料登记证号：农肥（2016）准字 5495 号、农肥（2016）准字 5491 号。有机农业生产资料评估证明为南京国环有机产品认证中心颁发，证明号：1P-0109-937-911。本报告 2018 年 6 月 4 日编写，编写人员：王硕（男），上海昌圩生物科技有限公司董事长

（1）在肥料配方上运用"君臣佐使"的方法，"润田源"碳酶菌生物有机肥做到平衡施肥，有机、无机、微量元素和有益微生物的综合运用。

（2）本着中医"上医治未病"，预防重于治疗而研发的植物免疫剂，起到提高免疫力、防病、驱虫、营养，增产的作用。

（3）运用中医"清毒"的方法而研发的农作物农药残留降解剂天叱1号（发明专利），土壤重金属残留稳定剂地咤2号（发明专利）。

（4）在防治病虫害上，运用中草源的中驱1号杀菌剂、中驱2号驱虫剂来防虫抑菌。

## （三）有机水稻秧田技术应用要点

1. 基地选择

（1）环境条件，有机水稻田远离各类污染源，远离公路等繁华地段，生态环境条件优越，无污染。

（2）水源条件，有充足的灌溉水源嫩江水，水质符合 GB 5084—2005《农田灌溉水质标准》。

（3）温度条件，秧田所处光照充足，温度适宜水稻的种植。年有效积温 2 700~2 800℃。

（4）土壤条件，符合 GB 15618—2008《土壤环境质量标准》二级标准。同时，为了提高水稻的栽培质量和营养条件，选择肥力高，没有农药、重金属等污染的土壤。

（5）空气条件，空气选择符合 GB 3095—2012《环境空气质量标准》二级标准。空气质量清新，上风口没有空气污染源，无有害气体的排放。

2. 种子选择

有机水稻种子标准纯度为 99%，净度为 99%，发芽率为 95%，芽势94%，出苗率93%，含水量为 13%。选择抗逆性好、抗病虫、优质高产、商品性好的良种。

3. 种子处理

在播种前采取 10 字法处理种子即：晒晒、选选、催催、晾晾、喷喷。具体是在太阳光下晒 一晒，盐选，清水洗净后催芽，晾芽后播种前用地咤2号喷一喷混拌均匀晾干后播种。

4. 播种育秧

（1）苗床选择。选择向阳、土壤肥沃、排灌方便的田块。每标准秧棚（360 平方米）用腐熟有机肥 1 000 千克，混拌无污染、有机质含量高、土肥沃的田土和草炭土制成育苗营养基质。

（2）营养调酸，喷施用小米酿造的维他醋再用微酸性水浇透床土。

（3）抑菌生根，按标准量播后压种前，喷施"润田源"复合微生物菌剂和中驱 1 号氨基酸功能叶肥。然后压种履土盖籽，盖保温湿膜。

（4）科学温度管理。科学通风练苗。

（5）离乳期前期用中驱 1 号喷施防病，3～5 天后冲施小米维他醋，再喷施中驱营养免疫剂，调酸、营养、免疫、防病。

（6）移栽前 5 天冲施有机氮肥，"润田源"复合微生物菌剂。3 天后喷中驱 2 号（防虫）和天叱 1 号（营养、生根、防冻害、返青快、分蘖快）。

## （四）有机水稻本田技术应用要点

（1）施足底肥，应用"润田源"有机生物肥撒旋耙入。

（2）快施分蘖肥，插秧后建立高水层撒施"润田源"分蘖九元素肥和有机生物氮肥。

（3）巧施孕穗肥，在拔节孕穗期撒施或冲施腐殖酸钾和有机氮。

（4）用好植保肥：①分蘖末期，中驱营养免疫剂（营养、免疫）；②孕穗期，喷施中驱营养免疫剂和中驱 1 号（营养、免疫、抑菌）；③灌浆期，喷洒农作物农残降解剂（促早熟，提品质，增口感，增产量，零农残）；④虫害防治，应用中驱 2 号驱杀害虫；⑤科学耕作、管理水层与人工相结合进行除草。

## （五）结　论

通过上述生物有机肥施用及各项技术措施的应用，亩产与当地有机稻相等略高。

# 第九章 有机水稻稻谷产品认证 对稻田土壤培肥与施肥 环节的相关检查要点

从事有机水稻生产的一个重要目的是申报并通过国家有资质的认证机构的有机稻谷或有机大米的认证。而认证机构受理并开展有机产品认证的依据是以 GB/T 19630—2011《有机产品》为准绳，以国家认证认可监督管理委员会颁布的《有机产品认证实施规则》为规范。在认证过程中对有机水稻生产过程中涉及的稻田培肥（土肥管理）及施肥环节（包括技术应用）进行符合性评价。因此，对这一环节的认证与检查要点，有必要作一叙述介绍。

## 一、《有机产品认证实施规则》中的相关要求

### （一）有机水稻生产者的申报文件和资料要求

（1）生产单位合法经营资质文件。
（2）有机水稻生产单元的基本信息。
（3）有机水稻生产区域范围各类描述。
（4）有机水稻生产方式（包括生产技术应用）的描述。
（5）有机水稻生产中肥料等投入物质的管理制度。
（6）有机水稻生产中肥料等投入物质的风险管控技术措施。
（7）有机水稻生产中肥料等投入物质的使用执行标准。
（8）生产单位有机水稻生产的质量管理体系文件。

### （二）对有机产品认证现场检查的要求

（1）由受理的认证机构委派有资质的注册检查员到现场检查。

（2）检查的范围涵盖有机水稻生产的全过程，包括土肥管理环节。

（3）对号入座审核肥料的来源及凭证，施用的技术应用状况。

（4）开展生产单位的生产与管理人员等访谈工作。

（5）检查肥料的样品、出入库台账、施用的针对性和真实性状况。

（6）进行生产单元各地块水稻生长状态的验证。

（7）对委托代为制作农家有机肥料的场所进行核验。

（8）有必要时，进行肥料样品的采集并委托检测。

## （三）对认证后的管理要求

（1）由认证机构在风险评估的基础上实施安排对获有机认证单位的不通知现场检查。

（2）接受地方相关部门的监督检查。

（3）发现生产者有不符合认证要求事项的，予以注销、暂停、撤销等处理，并进行社会通报。

# 二、认证机构开展认证受理与检查的要求

## （一）受理的要求

（1）经审核有机水稻生产单位报送的资料（包括土肥管理）是否齐全。

（2）经核对有机水稻生产单位报送的资料是否符合有机认证的各项要求。

（3）对资料齐全和符合要求的发《受理通知书》并由申报单位办理相关手续。

## （二）委派检查员开展现场检查要求

（1）向申报单位发《检查员委派书》并通知到达现场方式。

（2）向申报单位递交经协商一致的现场检查日程安排表。

（3）依据现场检查日程安排表，由检查员逐项开展检查（包括土肥管理环节）。

（4）在结束现场检查前，与申报单位共同交流现场检查工作总结。

（5）对现场检查中发现的不符合项向申报单位进行确认。

（6）由检查员制作《检查报告》，并由双方签字（盖章）确认。

# 三、有机水稻生产单位接受有机产品认证现场检查的要求

## （一）按《受理通知书》和现场检查日程表中相关要求准备资料

（1）有机水稻生产年度工作总结。

（2）有机水稻生产质量管理体系文件。

（3）有机水稻生产技术操作规程（包括土肥管理类）。

（4）有机水稻生产涉及的农事等记录文本。

（5）有机水稻生产投入物质各类凭证。

（6）有机水稻生产内部检查报告等文本。

## （二）涉及检查的场所现场准备（包括肥料等投入物质）与配合

（1）安排好接受现场访谈的人员。

（2）在现场检查过程中有陪同人员及介绍情况的解说人员。

（3）安排好首次、末次会议的现场及参加人员。

（4）对有机检查员提出的相关问题事项进行面对面的交流并反馈。

（5）协助检查员现场采集样品（包括肥料产品）。

（6）对现场检查的相关文书资料进行确认并签字、盖章。

# 附录一

# GB/T 19630.1—2011
# 《有机产品 第1部分：生产》节选

**1 范围（略）**

**2 规范性引用文件（略）**

**3 术语和定义**

**3.1**

有机农业 organic agriculture

遵照特定的农业生产原则，在生产中不采用基因工程获得的生物及其产物，不使用化学合成的农药、化肥、生长调节剂、饲料添加剂等物质，遵循自然规律和生态学原理，协调种植业和养殖业的平衡，采用一系列可持续的农业技术以维持持续稳定的农业生产体系的一种农业生产方式。

**3.2**

有机产品 organic product

按照本标准生产、加工、销售的供人类消费、动物食用的产品。

**3.3**

常规 conventional

生产体系及其产品未按照本标准实施管理的。

**3.4**

转换期 conversion period

从按照本标准开始管理至生产单元和产品获得有机认证之间的时段。

**3.5**

平行生产 parallel production

在同一生产单元中，同时生产相同或难以区分的有机、有机转换或常规产品的情况。

**3.6**

缓冲带 buffer zone

在有机和常规地块之间有目的设置的、可明确界定的用来限制或阻挡邻近田块的禁用物质漂移的过渡区域。

**3.7**

投入品 input

在有机生产过程中采用的所有物质或材料。

**3.8**

养殖期 animal life cycle

从动物出生到作为有机产品销售的时间段。

**3.9** （略）

**3.10** （略）

**3.11**

生物多样性 biodiversity

地球上生命形式和生态系统类型的多样性，包括基因的多样性、物种的多样性和生态系统的多样性。

**3.12**

基因工程技术（转基因技术）genetic engineering（genetic modification）

指通过自然发生的交配与自然重组以外的方式对遗传材料进行改变的技术，包括但不限于重组脱氧核糖核酸、细胞融合、微注射与宏注射、封装、基因删除和基因加倍。

**3.13**

基因工程生物 genetically engineered organism

转基因生物 genetically modified organism

通过基因工程技术/转基因技术改变了其基因的植物、动物、微生物。不包括接合生殖、转导与杂交等技术得到的生物体。

**3.14**

辐照 irradiation（ionizing radiation）

放射性核素高能量的放射，能改变食品的分子结构，以控制食品中的微生物、病菌、寄生虫和害虫，达到保存食品或抑制诸如发芽或成熟等生理过程。

## 4 通则

### 4.1 生产单元范围

有机生产单元的边界应清晰，所有权和经营权应明确，并且已按照 GB/T 19630.4 的要求建立并实施了有机生产管理体系。

### 4.2 转换期

由常规生产向有机生产发展需要经过转换，经过转换期后播种或收获的植物产品或经过转换期后的动物产品才可作为有机产品销售。生产者在转换期间应完全符合有机生产要求。

### 4.3 基因工程生物/转基因生物

**4.3.1** 不应在有机生产体系中引入或在有机产品上使用基因工程生物/转基因生物及其衍生物，包括植物、动物、微生物、种子、花粉、精子、卵子、其他繁殖材料及肥料、土壤改良物质、植物保护产品、植物生长调节剂、饲料、动物生长调节剂、兽药、渔药等农业投入品。

**4.3.2** 同时存在有机和非有机生产的生产单元，其常规生产部分也不得引入或使用基因工程生物/转基因生物。

### 4.4 辐照

不应在有机生产中使用辐照技术。

### 4.5 投入品

**4.5.1** 生产者应选择并实施栽培和/或养殖管理措施，以维持或改善土壤理化和生物性状，减少土壤侵蚀，保护植物和养殖动物的健康。

**4.5.2** 在栽培和/或养殖管理措施不足以维持土壤肥力和保证植物和养殖动物健康，需要使用有机生产体系外投入品时，可以使用附录 A 和附录 B 列出的投入品，但应按照规定的条件使用。在附录 A 和附录 B 涉及有机农业中用于土壤培肥和改良、植物保护、动物养殖的物质不能满足要求的情况下，可以参照附录 C 描述的评估准则对有机农业中使用除附录 A 和附录 B 以外的其他投入品进行评估。

**4.5.3** 作为植物保护产品的复合制剂的有效成分应是附录 A 表 A.2 列出的物质，不应使用具有致癌、致畸、致突变性和神经毒性的物质作为助剂。

**4.5.4** 不应使用化学合成的植物保护产品。

**4.5.5** 不应使用化学合成的肥料和城市污水污泥。

**4.5.6** 认证的产品中不得检出有机生产中禁用物质。

## 5 植物生产

### 5.1 转换期

**5.1.1** 一年生植物的转换期至少为播种前的 24 个月，草场和多年生饲料作物的转换期至少为有机饲料收获前的 24 个月，饲料作物以外的其他多年生植物的转换期至少为收获前的 36 个月。转换期内应按照本标准的要求进行管理。

**5.1.2** 新开垦的、撂荒 36 个月以上的或有充分证据证明 36 个月以上未使用本标准禁用物质的地块，也应经过至少 12 个月的转换期。

**5.1.3** 可延长本标准禁用物质污染的地块的转换期。

**5.1.4** 对于已经经过转换或正处于转换期的地块，如果使用了有机生产中禁止使用的物质，应重新开始转换。当地块使用的禁用物质是当地政府机构为处理某种病害或虫害而强制使用时，可以缩短 5.1.1 规定的转换期，但应关注施用产品中禁用物质的降解情况，确保在转换期结束之前，土壤中或多年生作物体内的残留达到非显著水平，所收获产品不应作为有机产品或有机转换产品销售。

**5.1.5** 野生采集、食用菌栽培（土培和覆土栽培除外）、芽苗菜生产可以免除转换期。

### 5.2 平行生产

**5.2.1** 在同一个生产单元中可同时生产易于区分的有机和非有机植物，但该单元的有机和非有机生产部分（包括地块、生产设施和工具）应能够完全分开，并能够采取适当措施避免与非有机产品混杂和被禁用物质污染。

**5.2.2** 在同一生产单元内，一年生植物不应存在平行生产。

**5.2.3** 在同一生产单元内，多年生植物不应存在平行生产，除非同时满足以下条件：

　　a）生产者应制订有机转换计划，计划中应承诺在可能的最短时间内开始对同一单元中相关非有机生产区域实施转换，该时间最多不能超过 5 年；

　　b）采取适当的措施以保证从有机和非有机生产区域收获的产品能够得到严格分离。

### 5.3 产地环境要求

　　有机生产需要在适宜的环境条件下进行。有机生产基地应远离城区、工矿区、交通主干线、工业污染源、生活垃圾场等。

产地的环境质量应符合以下要求：

a）土壤环境质量符合 GB 15618 中的二级标准；

b）农田灌溉用水水质符合 GB 5084 的规定；

c）环境空气质量符合 GB 3095 中二级标准和 GB 9137 的规定。

### 5.4 缓冲带

应对有机生产区域受到邻近常规生产区域污染的风险进行分析。在存在风险的情况下，则应在有机和常规生产区域之间设置有效的缓冲带或物理屏障，以防止有机生产地块受到污染。缓冲带上种植的植物不能认证为有机产品。

### 5.5 种子和植物繁殖材料

**5.5.1** 应选择适应当地的土壤和气候条件、抗病虫害的植物种类及品种。在品种的选择上应充分考虑保护植物的遗传多样性。

**5.5.2** 应选择有机种子或植物繁殖材料。当从市场上无法获得有机种子或植物繁殖材料时，可选用未经禁止使用物质处理过的常规种子或植物繁殖材料，并制订和实施获得有机种子和植物繁殖材料的计划。

**5.5.3** 应采取有机生产方式培育一年生植物的种苗。

**5.5.4** 不应使用经禁用物质和方法处理过的种子和植物繁殖材料。

### 5.6 栽培

**5.6.1** 一年生植物应进行三种以上作物轮作，一年种植多季水稻的地区可以采取两种作物轮作，东北地区冬季休耕的地区可不进行轮作。轮作植物包括但不限于种植豆科植物、绿肥、覆盖植物等。

**5.6.2** 宜通过间套作等方式增加生物多样性、提高土壤肥力、增强有机植物的抗病能力。

**5.6.3** 应根据当地情况制定合理的灌溉方式（如滴灌、喷灌、渗灌等）。

### 5.7 土肥管理

**5.7.1** 应通过适当的耕作与栽培措施维持和提高土壤肥力，包括：

a）回收、再生和补充土壤有机质和养分来补充因植物收获而从土壤带走的有机质和土壤养分；

b）采用种植豆科植物、免耕或土地休闲等措施进行土壤肥力的恢复。

**5.7.2** 当 5.7.1 描述的措施无法满足植物生长需求时，可施用有机肥以维持和提高土壤的肥力、营养平衡和土壤生物活性，同时应避免过度施用有机肥，造成环境污染。应优先使用本单元或其他有机生产单元的有机肥。如外购商品有机肥，应经认证机构按照附录C评估后许可使用。

**5.7.3** 不应在叶菜类、块茎类和块根类植物上施用人粪尿；在其他植物上需要使用时，应当进行充分腐熟和无害化处理，并不得与植物食用部分接触。

**5.7.4** 可使用溶解性小的天然矿物肥料，但不得将此类肥料作为系统中营养循环的替代物。矿物肥料只能作为长效肥料并保持其天然组分，不应采用化学处理提高其溶解性。不应使用矿物氮肥。

**5.7.5** 可使用生物肥料；为使堆肥充分腐熟，可在堆制过程中添加来自于自然界的微生物，但不应使用转基因生物及其产品。

**5.7.6** 有机植物生产中允许使用的土壤培肥和改良物质见附录A表A.1。

### 5.8 病虫草害防治

**5.8.1** 病虫草害防治的基本原则应从农业生态系统出发，综合运用各种防治措施，创造不利于病虫草害孳生和有利于各类天敌繁衍的环境条件，保持农业生态系统的平衡和生物多样化，减少各类病虫草害所造成的损失。应优先采用农业措施，通过选用抗病抗虫品种、非化学药剂种子处理、培育壮苗、加强栽培管理、中耕除草、耕翻晒垡、清洁田园、轮作倒茬、间作套种等一系列措施起到防治病虫草害的作用。还应尽量利用灯光、色彩诱杀害虫，机械捕捉害虫，机械或人工除草等措施，防治病虫草害。

**5.8.2** 5.8.1提及的方法不能有效控制病虫草害时，可使用附录A表A.2所列出的植物保护产品。

### 5.9 其他植物生产（略）

### 5.10 分选、清洗及其他收获后处理

**5.10.1** 植物收获后在场的清洁、分拣、脱粒、脱壳、切割、保鲜、干燥等简单加工过程应采用物理、生物的方法，不应使用GB/T 19630.2—2011附录A以外的化学物质进行处理。

**5.10.2** 用于处理非有机植物的设备应在处理有机植物前清理干净。对不易清理的处理设备可采取冲顶措施。

**5.10.3** 产品和设备器具应保证清洁，不得对产品造成污染。

**5.10.4** 如使用清洁剂或消毒剂清洁设备设施时，应避免对产品的污染。

**5.10.5** 收获后处理过程中的有害生物防治，应遵守 GB/T 19630.2— 2011 中 4.2.3 的规定。

**5.11 污染控制**

**5.11.1** 应采取措施防止常规农田的水渗透或漫入有机地块。

**5.11.2** 应避免因施用外部来源的肥料造成禁用物质对有机生产的污染。

**5.11.3** 常规农业系统中的设备在用于有机生产前，应采取清洁措施，避免常规产品混杂和禁用物质污染。

**5.11.4** 在使用保护性的建筑覆盖物、塑料薄膜、防虫网时，不应使用聚氯类产品，宜选择聚乙烯、聚丙烯或聚碳酸酯类产品，并且使用后应从土壤中清除，不应焚烧。

**5.12 水土保持和生物多样性保护**

**5.12.1** 应采取措施，防止水土流失、土壤沙化和盐碱化。应充分考虑土壤和水资源的可持续利用。

**5.12.2** 应采取措施，保护天敌及其栖息地。

**5.12.3** 应充分利用作物秸秆，不应焚烧处理，除非因控制病虫害的需要。

**6 野生植物采集（略）**

**7 食用菌栽培（略）**

**8 畜禽养殖（略）**

**9 水产养殖（略）**

**10 蜜蜂和蜂产品（略）**

**11 包装、贮藏和运输**

**11.1 包装**

**11.1.1** 包装材料应符合国家卫生要求和相关规定；宜使用可重复、可回收和可生物降解的包装材料。

**11.1.2** 包装应简单、实用。

**11.1.3** 不应使用接触过禁用物质的包装物或容器。

**11.2 贮藏**

**11.2.1** 应对仓库进行清洁，并采取有害生物控制措施。

**11.2.2** 可使用常温贮藏、气调、温度控制、干燥和湿度调节等储藏方法。

**11.2.3** 有机产品尽可能单独贮藏。如与常规产品共同贮藏，应在仓库内划出特定区域，并采取必要的包装、标签等措施，确保有机产品和常规产品的识别。

## 11.3 运输

**11.3.1** 应使用专用运输工具。如果使用非专用的运输工具，应在装载有机产品前对其进行清洁，避免常规产品混杂和禁用物质污染。

**11.3.2** 在容器和/或包装物上，应有清晰的有机标识及有关说明。

## 附录 A

### （规范性附录）

### 有机植物生产中允许使用的投入品

表 A.1 土壤培肥和改良物质

| 类 别 | 名称和组分 | 使用条件 |
|---|---|---|
| I. 植物和动物来源 | 植物材料（秸秆、绿肥等） | |
| | 畜禽粪便及其堆肥（包括圈肥） | 经过堆制并充分腐熟 |
| | 畜禽粪便和植物材料的厌氧发酵产品（沼肥） | |
| | 海草或海草产品 | 仅直接通过下列途径获得：<br>物理过程，包括脱水、冷冻和研磨；<br>用水或酸和（或）碱溶液提取；<br>发酵 |
| | 木料、树皮、锯屑、刨花、木灰、木炭及腐殖酸类物质 | 来自采伐后未经化学处理的木材，地面覆盖或经过堆制 |
| | 动物来源的副产品（血粉、肉粉、骨粉、蹄粉、角粉、皮毛、羽毛和毛发粉、鱼粉、牛奶及奶制品等） | 未添加禁用物质，经过堆制或发酵处理 |
| | 蘑菇培养废料和蚯蚓培养基质 | 培养基的初始原料限于本附录中的产品，经过堆制 |
| | 食品工业副产品 | 经过堆制或发酵处理 |
| | 草木灰 | 作为薪柴燃烧后的产品 |
| | 泥炭 | 不含合成添加剂。不应用于土壤改良；只允许作为盆栽基质使用 |
| | 饼粕 | 不能使用经化学方法加工的 |

（续表）

| 类　别 | 名称和组分 | 使用条件 |
|---|---|---|
| Ⅱ. 矿物来源 | 磷矿石 | 天然来源，镉含量小于等于90毫克/千克五氧化二磷 |
| | 钾矿粉 | 天然来源，未通过化学方法浓缩。氯含量少于60% |
| | 硼砂 | 天然来源，未经化学处理、未添加化学合成物质 |
| | 微量元素 | 天然来源，未经化学处理、未添加化学合成物质 |
| | 镁矿粉 | 天然来源，未经化学处理、未添加化学合成物质 |
| | 硫黄 | 天然来源，未经化学处理、未添加化学合成物质 |
| | 石灰石、石膏和白垩 | 天然来源，未经化学处理、未添加化学合成物质 |
| | 黏土（如珍珠岩、蛭石等） | 天然来源，未经化学处理、未添加化学合成物质 |
| | 氯化钠 | 天然来源，未经化学处理、未添加化学合成物质 |
| | 石灰 | 仅用于茶园土壤pH值调节 |
| | 窑灰 | 未经化学处理、未添加化学合成物质 |
| | 碳酸钙镁 | 天然来源，未经化学处理、未添加化学合成物质 |
| | 泻盐类 | 未经化学处理、未添加化学合成物质 |
| Ⅲ. 微生物来源 | 可生物降解的微生物加工副产品，如酿酒和蒸馏酒行业的加工副产品 | 未添加化学合成物质 |
| | 天然存在的微生物提取物 | 未添加化学合成物质 |

### 表 A.2　植物保护产品

| 类　别 | 名称和组分 | 使用条件 |
|---|---|---|
| Ⅰ. 植物和动物来源 | 楝素（苦楝、印楝等提取物） | 杀虫剂 |
| | 天然除虫菊素（除虫菊科植物提取液） | 杀虫剂 |
| | 苦参碱及氧化苦参碱（苦参等提取物） | 杀虫剂 |
| | 鱼藤酮类（如毛鱼藤） | 杀虫剂 |

（续表）

| 类 别 | 名称和组分 | 使用条件 |
|---|---|---|
| I. 植物和动物来源 | 蛇床子素（蛇床子提取物） | 杀虫、杀菌剂 |
| | 小檗碱（黄连、黄柏等提取物） | 杀菌剂 |
| | 大黄素甲醚（大黄、虎杖等提取物） | 杀菌剂 |
| | 植物油（如薄荷油、松树油、香菜油） | 杀虫剂、杀螨剂、杀真菌剂、发芽抑制剂 |
| | 寡聚糖（甲壳素） | 杀菌剂、植物生长调节剂 |
| | 天然诱集和杀线虫剂（如万寿菊、孔雀草、芥子油） | 杀线虫剂 |
| | 天然酸（如食醋、木醋和竹醋） | 杀菌剂 |
| | 菇类蛋白多糖（蘑菇提取物） | 杀菌剂 |
| | 水解蛋白质 | 引诱剂，只在批准使用的条件下，并与本附录的适当产品结合使用 |
| | 牛奶 | 杀菌剂 |
| | 蜂蜡 | 用于嫁接和修剪 |
| | 蜂胶 | 杀菌剂 |
| | 明胶 | 杀虫剂 |
| | 卵磷脂 | 杀真菌剂 |
| | 具有驱避作用的植物提取物（大蒜、薄荷、辣椒、花椒、薰衣草、柴胡、艾草的提取物） | 驱避剂 |
| | 昆虫天敌（如赤眼蜂、瓢虫、草蛉等） | 控制虫害 |
| II. 矿物来源 | 铜盐（如硫酸铜、氢氧化铜、氯氧化铜、辛酸铜等） | 杀真菌剂，防止过量施用而引起铜的污染 |
| | 石硫合剂 | 杀真菌剂、杀虫剂、杀螨剂 |
| | 波尔多液 | 杀真菌剂，每年每公顷铜的最大使用量不能超过6千克 |
| | 氢氧化钙（石灰水） | 杀真菌剂、杀虫剂 |
| | 硫黄 | 杀真菌剂、杀螨剂、驱避剂 |
| | 高锰酸钾 | 杀真菌剂、杀细菌剂；仅用于果树和葡萄 |
| | 碳酸氢钾 | 杀真菌剂 |
| | 石蜡油 | 杀虫剂，杀螨剂 |
| | 轻矿物油 | 杀虫剂、杀真菌剂；仅用于果树、葡萄和热带作物（如：香蕉） |

（续表）

| 类　别 | 名称和组分 | 使用条件 |
|---|---|---|
| Ⅱ. 矿物来源 | 氯化钙 | 用于治疗缺钙症 |
| | 硅藻土 | 杀虫剂 |
| | 黏土（如斑脱土、珍珠岩、蛭石、沸石等） | 杀虫剂 |
| | 硅酸盐（硅酸钠，石英） | 驱避剂 |
| | 硫酸铁（3价铁离子） | 杀软体动物剂 |
| Ⅲ. 微生物来源 | 真菌及真菌提取物（如白僵菌、轮枝菌、木霉菌等） | 杀虫、杀菌、除草剂 |
| | 细菌及细菌提取物（如苏云金芽孢杆菌、枯草芽孢杆菌、蜡质芽孢杆菌、地衣芽孢杆菌、荧光假单胞杆菌等） | 杀虫、杀菌剂、除草剂 |
| | 病毒及病毒提取物（如核型多角体病毒、颗粒体病毒等） | 杀虫剂 |
| Ⅳ. 其他 | 氢氧化钙 | 杀真菌剂 |
| | 二氧化碳 | 杀虫剂，用于贮存设施 |
| | 乙醇 | 杀菌剂 |
| | 海盐和盐水 | 杀菌剂，仅用于种子处理，尤其是稻谷种子 |
| | 明矾 | 杀菌剂 |
| | 软皂（钾肥皂） | 杀虫剂 |
| | 乙烯 | 香蕉、猕猴桃、柿子催熟，菠萝调花，抑制马铃薯和洋葱萌发 |
| | 石英砂 | 杀真菌剂、杀螨剂、驱避剂 |
| | 昆虫性外激素 | 仅用于诱捕器和散发皿内 |
| | 磷酸氢二铵 | 引诱剂，只限于诱捕器中使用 |
| Ⅴ. 诱捕器、屏障 | 物理措施（如色彩诱器、机械诱捕器） | |
| | 覆盖物（网） | |

## 附录 B（略）

## 附录 C

### （资料性附录）

### 评估有机生产中使用其他投入品的准则

在附录 A 和附录 B 涉及有机动植物生产、养殖的产品不能满足要求的情况下，可以根据本附录描述的评估准则对有机农业中使用除附录 A 和 B 以外的其他物质进行评估。

**C.1　原则**

**C.1.1　土壤培肥和改良物质**

**C.1.1.1**　该物质是为达到或保持土壤肥力或为满足特殊的营养要求，为特定的土壤改良和轮作措施所必需的，而本部分及附录 A 所描述的方法和物质所不能满足和替代。

**C.1.1.2**　该物质来自植物、动物、微生物或矿物，并可经过如下处理：

　　a）物理（机械，热）处理；

　　b）酶处理；

　　c）微生物（堆肥，消化）处理。

**C.1.1.3**　经可靠的试验数据证明该物质的使用应不会导致或产生对环境的不能接受的影响或污染，包括对土壤生物的影响和污染。

**C.1.1.4**　该物质的使用不应对最终产品的质量和安全性产生不可接受的影响。

**C.1.2　植物保护产品**

**C.1.2.1**　该物质是防治有害生物或特殊病害所必需的，而且除此物质外没有其他生物的、物理的方法或植物育种替代方法和（或）有效管理技术可用于防治这类有害生物或特殊病害。

**C.1.2.2**　该物质（活性成分）源自植物、动物、微生物或矿物，并可经过以下处理：

　　a）物理处理；

　　b）酶处理；

　　c）微生物处理。

**C.1.2.3**　有可靠的试验结果证明该物质的使用应不会导致或产生对环境的不能接受的影响或污染。

**C.1.2.4** 如果某物质的天然形态数量不足，可以考虑使用与该天然物质性质相同的化学合成物质，如化学合成的外激素（性诱剂），但前提是其使用不会直接或间接造成环境或产品污染。

**C.2 评估程序**

**C.2.1 必要性**

只有在必要的情况下才能使用某种投入品。投入某物质的必要性可从产量、产品质量、环境安全性、生态保护、景观、人类和动物的生存条件等方面进行评估。

某投入品的使用可限制于：

a）特种农作物（尤其是多年生农作物）；

b）特殊区域；

c）可使用该投入品的特殊条件。

**C.2.2 投入品的性质和生产方法**

**C.2.2.1 投入品的性质**

投入品的来源一般应来源于（按先后选用顺序）：

a）有机物（植物、动物、微生物）；

b）矿物。

可以使用等同于天然物质的化学合成物质。

在可能的情况下，应优先选择使用可再生的投入品。其次应选择矿物源的投入品，而第三选择是化学性质等同天然物质的投入品。在允许使用化学性质等同的投入品时需要考虑其在生态上、技术上或经济上的理由。

**C.2.2.2 生产方法**

投入品的配料可以经过以下处理：

a）机械处理；

b）物理处理；

c）酶处理；

d）微生物作用处理；

e）化学处理（作为例外并受限制）。

**C.2.2.3 采集**

构成投入品的原材料采集不得影响自然环境的稳定性，也不得影响采集区内任何物种的生存。

**C.2.3 环境安全性**

投入品不得危害环境或对环境产生持续的负面影响。投入品也不应造成对地表水、地下水、空气或土壤的不可接受的污染。应对这些物质的加工、使用和分解过程的所有阶段进行评价。

应考虑投入品的以下特性：

a）可降解性

——所有投入品应可降解为二氧化碳、水和（或）其矿物形态；

——对非靶生物有高急性毒性的投入品的半衰期最多不能超过5d；

——对作为投入的无毒天然物质没有规定的降解时限要求。

b）对非靶生物的急性毒性：当投入品对非靶生物有较高急性毒性时，需要限制其使用。应采取措施保证这些非靶生物的生存。可规定最大允许使用量。如果无法采取可以保证非靶生物生存的措施，则不得使用该投入品。

c）长期慢性毒性：不得使用会在生物或生物系统中蓄积的投入品，也不得使用已经知道有或怀疑有诱变性或致癌性的投入品。如果投入这些物质会产生危险，应采取足以使这些危险降至可接受水平和防止长时间持续负面环境影响的措施。

d）化学合成物质和重金属：投入品中不应含有致害量的化学合成物质（异生化合制品）。仅在其性质完全与自然界的物质相同时，才可允许使用化学合成的物质。

应尽可能控制投入的矿物质中的重金属含量。由于缺乏代用品以及在有机农业中已经被长期、传统地使用，铜和铜盐目前尚被允许使用，但任何形态的铜都应视为临时性允许使用，并且就其环境影响而言，应限制使用量。

**C.2.4 对人体健康和产品质量的影响**

**C.2.4.1 人体健康**

投入品应对人体健康无害。应考虑投入品在加工、使用和降解过程中的所有阶段的情况，应采取降低投入品使用危险的措施，并制定投入品在有机农业中使用的标准。

**C.2.4.2 产品质量**

投入品对产品质量（如味道，保质期和外观质量等）不得有负面影响。

### C.2.5　伦理方面——动物生存条件

投入品对农场饲养的动物的自然行为或机体功能不得有负面影响。

### C.2.6　社会经济方面

消费者的感官：投入品不应造成有机产品的消费者对有机产品的抵触或反感。消费者可能会认为某投入品对环境或人体健康是不安全的，尽管这在科学上可能尚未得到证实。投入品的问题（例如基因工程问题）不应干扰人们对天然或有机产品的总体感觉或看法。

附录 D （略）

# 附录

# NY/T 2410—2013《有机水稻生产质量控制技术规范》节选

前 言

本规范是按照 GB/T 1.1—2009 给出的规则起草，并以 GB/T 19630.1~19630.4—2011 为重要依据而编制。

请注意本文件的某些内容可能涉及专利。本文件的发布机构不承担识别这些专利的责任。

本规范由中国绿色食品发展中心提出并归口。

本规范起草单位：中国水稻研究所、中绿华夏有机食品认证中心、农业部稻米及制品质量监督检验测试中心、农业部稻米产品质量安全风险评估实验室、吉林省通化市农业科学院、广东金饭碗有机农业发展有限公司、江苏丹阳市嘉贤米业有限公司、成都翔生大地农业科技有限公司。

本规范主要起草人：金连登、李显军、许立、朱智伟、张卫星、吴树业、王陟、闵捷、张慧、高秀文、栾治华、杨银阁、牟仁祥、孙明坤、谢桐洲、施建华、郑晓薇、陈能、陈铭学、章林平、田月皎、童群儿。

## 1 范围

本规范规定了有机水稻生产中的质量控制的风险要素、质量控制技术与方法，以及质量控制的管理要求。

本规范适用于有机水稻生产过程的质量控制与管理。

## 2 规范性引用文件

下列文件对于本文件的应用是必不可少的。凡是注日期的引用文件，仅注日期的版本适用于本规范。凡是不注日期的引用文件，其最新版本（包括所有的修改单）适用于本规范。

GB 2762　食品污染物限量

GB 2763　食品中农药最大残留量

GB 3095　环境空气质量标准

GB/T 3543 农作物种子检验规程

GB 4404.1 粮食作物种子 第1部分：禾谷类

GB 5084 农田灌溉水质标准

GB 9137 保护农作物的大气污染物最高允许浓度

GB 15618 土壤环境质量标准

GB/T 19630.1—2011 有机产品 第1部分：生产

GB/T 19630.2—2011 有机产品 第2部分：加工

GB/T 19630.4—2011 有机产品 第4部分：管理体系

GB/T 20569 稻谷储存品质判定规则

NY/T 525 有机肥料

NY/T 798 复合微生物肥料

NY/T 884 生物有机肥

NY/T 1752 稻米生产良好农业规范

国家认证认可监督管理委员会公告 2011 年第 34 号 有机产品认证实施规则

国家认证认可监督管理委员会公告 2012 年第 2 号 有机产品认证目录

## 3 通则

### 3.1 有机水稻生产单元范围

有机水稻生产单元范围应具有一定面积、相对集中连片、地块边界明晰、土地权属明确并建立和实施了有机生产管理体系。

### 3.2 生产质量控制的风险要素

**3.2.1** 产地环境质量的变化，包括大气污染、水质变化、稻田土壤受面源污染及相关肥料使用不当而形成的污染等。

**3.2.2** 不当培肥方法造成的稻田土壤肥力失衡或重金属含量超标。

**3.2.3** 来自于常见型水稻病虫草害发生，因施用农药不当而造成的农药残留不符合 GB 2763 要求。

**3.2.4** 有机生产单元建立的生产质量管理体系在实施中不完善、不到位而造成的不可追溯状况。

### 3.3 生产质量控制原则

**3.3.1** 生产者应以贯彻 GB/T 19630.1 标准为前提，选择并运用适宜的技术方法和措施，实施对生产中各项质量风险的有效控制。

**3.3.2** 生产者应以因地制宜为基础，重点实施优先选用适宜本有机生产单元的农用投入品来改良土壤肥力和控制水稻病虫草害的发生或蔓延。

**3.3.3** 生产者应以有效实施质量管理体系为目标，确保生产全过程的可追溯，实现所产稻谷产品的质量安全保证。

## 4 质量控制关键点

### 4.1 产地环境

#### 4.1.1 土壤农药残留、重金属

**4.1.1.1** 有机水稻生产单元周边施用化学农药及除草剂的常规地块中，灌溉用水渗透或漫入有机地块，导致土壤农药残留污染。

**4.1.1.2** 使用过化学农药的生产工具用于有机水稻生产前未彻底清洁而导致土壤农药残留污染。

**4.1.1.3** 当地存在飞机或大型喷雾机械喷洒化学农药防治有害生物的作业，带来对有机水稻生产单元土壤农药残留漂移污染。

**4.1.1.4** 有机水稻生产过程中含矿物质投入品使用不当、有机肥过度施用、农家肥未充分腐熟或未经过无害化处理、所用肥料的来源地受到禁用物质污染而导致的土壤重金属含量提高。

#### 4.1.2 有毒有害气体

**4.1.2.1** 当地存在有毒有害气体污染时对有机水稻生产区域大气环境所带来的污染。

**4.1.2.2** 当地采取燃烧的方式处理作物秸秆或田边杂草灌木所带来的污染。

#### 4.1.3 生产用水

**4.1.3.1** 有机水稻生产单元中没有相对独立的排灌分设系统，或灌溉水源上游及周边农田灌溉用水受到水体污染时对有机地块生产用水所带来的污染。

**4.1.3.2** 生活污水、工业废水流经有机水稻生产单元周边时渗透或漫入，对有机地块生产用水所带来的污染。

### 4.2 生产过程

#### 4.2.1 水稻种子（品种）

**4.2.1.1** 误用经辐照技术或基因工程技术选育的水稻品种（种子）。

**4.2.1.2** 误用 GB/T 19630.1 标准不允许的种子处理方法或禁用物质。

**4.2.1.3** 本生产单元已具备有机水稻品种（种子）的繁种能力，而仍然

使用非有机水稻品种（种子）。

### 4.2.2 培肥与施肥

**4.2.2.1** 误用带化学成分的肥料或城市污水污泥造成的污染。

**4.2.2.2** 误用不符合 NY/T 525、NY/T 884、NY/T 798 及附录 A 要求的有机肥料、生物有机肥、复合微生物肥料及其他肥料。

**4.2.2.3** 生产单元已具备本系统内循环培肥条件，而仍然以施用系统外的有机肥或商品肥为主要肥料。

### 4.2.3 病虫草害防治

**4.2.3.1** 误用带有化学成分的农药（含化学除草剂）。

**4.2.3.2** 误用不符合 GB/T 19630.1 附录 A 表 A.2 及本规范附录 B 要求的病虫草害防治物质。

### 4.2.4 生长调节剂及基因工程生物

误用化学的植物生长调节物质及含基因工程生物/转基因生物及其衍生物的农业投入物质。

### 4.2.5 平行生产、平行收获

生产单元存在平行生产、平行收获对有机稻谷产品造成的混杂。

### 4.2.6 晾晒（堆放）方式及场所

晾晒（堆放）方式及场所使用不当，对有机稻谷产品造成交叉污染。

### 4.2.7 生产工具、运输工具、包装物

生产工具、运输工具、包装物含有毒有害物质、常规产品残留，对有机稻谷产品造成污染、混杂。

### 4.2.8 废弃物处理

在使用保护性的建筑覆盖物、塑料薄膜、防虫网时，使用了聚氯类产品，并在使用后未从土壤中清除，且采取焚烧办法处理。

### 4.3 生产单元

**4.3.1** 有机生产单元范围存在边界不清晰、直接从事生产的种植者或农户与地块不对应、地块随意更换、地块权属不明确。

**4.3.2** 在生产单元中种植者或农户与实际不符，并随意更换。

**4.3.3** 有机生产单元地块与常规地块之间设置的缓冲带或物理屏障界定不明确，以及随意改变缓冲带或物理屏障。

**4.3.4** 存在超出生产者对有机生产方式实施的管理能力、技术控制、财力保障条件而随意确定有机生产单元区域规模。

**4.3.5** 有机生产单元在转换期内，未能按照 GB/T 19630.1 的要求进行管理。

**4.3.6** 有机水稻生产管理者未对直接从事生产的种植者或农户进行相应的有机标准知识培训指导和有机水稻生产技术应用的督导，以及未开展有机生产管理体系追踪。

**4.3.7** 有机水稻生产管理者未对其生产单元开展整个生产过程的内部检查与有机管理体系审核，或在开展内部检查与审核后，未完成不符合项的整改。

**4.3.8** 有机水稻生产管理者未制定产地环境受到污染和生产中病虫害暴发等情况的应对预案与应急处理措施。

## 5 质量控制的技术与方法

### 5.1 产地环境监测评价

**5.1.1** 有机水稻生产者应对本生产单元的土壤环境质量、灌溉用水水质、环境空气质量开展监测，并对监测结果进行风险分析评价。

**5.1.2** 有机水稻生产单元的土壤环境质量应持续符合 GB 15618 中的二级标准；灌溉用水水质应持续符合 GB 5084 的规定；环境空气质量应持续符合 GB 3095 中的二级标准和 GB 9137 中的相关规定。

**5.1.3** 当存在环境质量被全部或局部污染风险时，应采取足以使风险降至可接受水平和防止长时间持续负面影响环境质量要求的有效措施。

### 5.2 生产过程技术应用

#### 5.2.1 品种选择

**5.2.1.1** 应选用经有机生产单元培育的或从市场获得的有机水稻种子。在有机生产单元生产有机水稻种子应符合附录 E 的要求。

**5.2.1.2** 如果得不到有机水稻种子，可使用未经禁用物质处理的常规水稻种子，但必须制订和实施获得有机水稻种子的计划。

**5.2.1.3** 应考虑品种的遗传多样性，宜选择品质优良、适应当地生态环境、抗病虫能力强、经国家或地方审定的水稻品种。

**5.2.1.4** 不应使用经辐照技术、转基因技术选育的水稻品种。

#### 5.2.2 种植茬数

**5.2.2.1** 有机生产单元内一年种植一茬水稻或二茬以上作物的，应在稻田生产体系中因地制宜安排休耕或种植绿肥、豆科等作物。

**5.2.2.2** 在农业措施不足以维持土壤肥力和不利于作物健康生长条件下，

不宜在同一有机生产单元一年种植三茬水稻。

### 5.2.3 轮作方式

**5.2.3.1** 有机水稻生产单元应按 GB/T 19630.1 中的要求建立有利于提高土壤肥力、减少病虫草害的稻田轮作（含间套作）体系。轮作作物应按有机生产方式进行管理。

**5.2.3.2** 一年种植二茬水稻的有机生产单元可以采取两种及以上作物的轮作栽培；冬季休耕的有机水稻生产单元可不进行轮作。

### 5.2.4 栽培措施

**5.2.4.1** 播种：应根据当地的气候因素和种植制度，确定适宜的播种期，趋利避害。使水稻的抽穗、开花、灌浆能处在最适宜的生长季节。

**5.2.4.2** 育秧（苗）：按照 GB/T 19630.1 的要求进行育秧，使用物质应符合附录 A 和附录 B 的要求。

**5.2.4.3** 移栽：采用适宜的移栽方式，并考虑合理的种植密度、行株距。

**5.2.4.4** 土肥管理：按 5.2.3 的要求，主要通过有机生产单元系统内回收、再生和补充获得土壤养分。当上述的措施无法满足水稻生长需求时，可施用有机肥、农家肥作为补充，但应满足以下条件：

a）优先使用本单元或其他有机生产单元的有机肥、农家肥。

b）农家堆肥的原料选用、沤制方法、有毒有害物质应符合附录 C 的要求。

c）外购商品有机肥、天然矿物肥、生物肥应符合 GB/T 19630.1 规定。

d）生产中使用的土壤培肥和改良物质应符合附录 A 的要求。

e）不宜过度施用有机肥、农家肥，以免对环境造成污染。

**5.2.4.5** 灌溉：应充分利用灌排水来调节稻田的水、肥、气、热，创造水稻各生育阶段生长的适宜条件。

**5.2.4.6** 种养结合：宜选用稻—鸭、稻—鱼、稻—蟹等种养结合的生产模式，形成良性物质循环体系，提高有机生产单元的物质循环效率，增加稻田系统的生物多样性。

**5.2.4.7** 秸秆还田：根据气候条件、土壤肥力及水稻生长实际需要，能保证足够量的本有机生产单元产出的秸秆还田。其中稻草还田应符合 NY/T 1752—2009 中附录 E 的要求。

### 5.2.5 病虫草害防治

**5.2.5.1** 从自身农业生态系统出发，立足因地制宜，宜运用以下综合防治技术措施。

  a）农业措施：

    1）选用抗病虫水稻品种；

    2）精选种子、清除病虫粒与杂草种子，用石灰水等浸种杀灭种子携带病菌；

    3）冬季翻地灭茬，控制越冬害虫；结合整田，打捞菌核及残渣；种前翻耕整地、淹水灭草；

    4）选择合理的茬口、播种时期，使水稻易感染生育期避开病虫的高发期；

    5）采用培育壮秧、合理密植、好气灌溉等健身栽培措施，提高水稻群体抗病虫能力；

    6）安排合理的耕作制度，采取水旱轮作等措施减轻病虫草害发生。

  b）物理措施：

    1）采用杀虫灯、粘虫板、防虫网、吸虫机和性诱剂等设施设备防治害虫；

    2）采用具有驱避作用的植物提取物或植物油、楝素、天然除虫菊素等物质除虫；

    3）采用机械中耕除草。

  c）生物措施：

    1）采用5.2.4.6规定的种养结合等方法来控制病虫草害；

    2）利用青蛙、蜘蛛、赤眼蜂、瓢虫等天敌来控制虫害。

  d）人工措施：

    1）采用手工或专用农具耘田除草；

    2）采用人工捕捉、扫落等措施灭虫。

**5.2.5.2** 当采用农业、物理、生物、人工措施不能有效控制病虫草害时，可采取以下应急补救措施：

    1）优先使用表B.1中所列的病虫草害防治物质；

    2）选择使用表B.2所列的农用抗生素类物质或其他病虫草害防治物质，但使用前须按国家有关规定经评估和许可。

### 5.2.6　收获处理

**5.2.6.1**　有机水稻收获应有单独收获的措施。除人工收获方式外，采用机械收获的，在收获前应对机械设备进行清理或清洁，不应对稻谷造成污染。对不易清理的机械设备可采取冲顶方法。使用机械设备时，应有防止使用燃料渗漏田间或污染稻谷的措施。

**5.2.6.2**　在田间或晒场对水稻脱粒处理后产生的稻草及废弃物，应进行充分利用或处理，不应焚烧处理。

**5.2.6.3**　盛装稻谷的容器及包装材料，应可回收或循环使用，并符合GB/T 19630.2 的要求。

**5.2.6.4**　对运输稻谷的工具或传输设施，应保证清洁，不应对稻谷造成污染。

**5.2.6.5**　收获的有机稻谷产品中不得检出国家相关标准规定的禁用物质残留。检测的质量安全项目可在风险评估的基础上按附录 F 要求执行。

### 5.2.7　贮存要求

**5.2.7.1**　有机稻谷的贮存场所应有保证其不受禁用物质污染或防止有机与非有机混合的措施。条件允许的情况下，应设单独场所或单独仓位贮存。

**5.2.7.2**　对有机稻谷贮存场所的有害生物防治，应符合 GB/T 19630.2 的要求。

**5.2.7.3**　对贮存 3 年及以上的有机稻谷，应符合 GB 2762、GB 2763、GB/T 20569 标准对食用安全指标的要求。

### 5.3　质量控制管理要求

### 5.3.1　资源配置要求

**5.3.1.1**　有机水稻生产者应具备以下与生产规模和技术需求相适应的资源要素：

　　a）应配备有机生产管理者，并具备 GB/T 19630.4—2011 中 4.3.2 规定的条件；

　　b）应配备内部检查员，并具备 GB/T 19630.4—2011 中 4.3.3 规定的条件；

　　c）应有合法的土地使用权和生产经营证明文件。

**5.3.1.2**　有机水稻生产者应配备与生产单元范围及生产技术应用相适应的、具备熟悉有机标准要求的技术及管理人员和稳定的直接从事有机水稻生产的种植者或从业人员。

**5.3.1.3** 有机水稻生产者应配置用于生产中全程质量控制管理需要的保障资金。

### 5.3.2 生产单元控制

**5.3.2.1** 产地条件：有机水稻生产单元及地块应远离污染源（城区、工矿区、交通主干线、工业污染源、生活垃圾场等）。有清洁的水源及保证灌溉水不受禁用物质污染的排灌分设田间设施条件。

**5.3.2.2** 缓冲带控制：有机水稻生产单元应有清楚、明确的地块边界，并设置了缓冲带或物理屏障。有机地块与常规地块的缓冲带距离应不少于8m。缓冲带上宜种植能明确区分或界定的作物，所种作物应按有机方式生产，但收获的产品只能按非有机产品处理。

**5.3.2.3** 转换期控制：有机水稻的转换期至少为播种前的 24 个月。转换期内应建立和实施有机生产管理体系，并按照 GB/T 19630.1 的要求进行管理。

**5.3.2.4** 内部质量管理控制：有机水稻生产单元按 GB/T 19630.4 的要求建立，并实施生产单元内部质量管理体系。该体系所形成的文件应包括但不限于以下内容：

  a）有机水稻生产管理手册；

  b）生产操作规程；

  c）相关生产记录体系；

  d）内部检查制度；

  e）持续改进要求。

**5.3.2.5** 平行生产控制：在同一个有机水稻生产单元内，不应存在平行生产。

### 5.3.3 技术措施保障

**5.3.3.1** 有机水稻生产的技术措施应建立在已有的国家标准、行业标准、地方标准要求的标准化实施基础上，保证所应用的技术措施符合 GB/T 19630.1 的要求。

**5.3.3.2** 有机水稻生产中的质量控制技术方法应用，应符合本规范 5.2 的要求。

**5.3.3.3** 有机水稻生产中投入品的使用应符合 GB/T 19630—2011 的要求及本规范附录 A、附录 B、附录 C 的规定。

**5.3.3.4** 针对有机水稻品种特性要求，需采取特殊生产技术控制的，而国家标准、行业标准、地方标准中又未做要求，其采取的技术控制方式在不违背有机生产禁用物质使用原则下，有机水稻生产者的企业标准有明确规定的，可按企业标准执行。没有企业标准的，应制定并实施。

### 5.3.4 可追溯体系健全

**5.3.4.1** 记录要求：

    a）有机水稻生产者应符合 GB/T 19630.4—2011 中 4.2.6 的要求，建立并保持从水稻生产到收获、贮存过程的台账记录，以利本生产单元可追溯体系的有效实施。

    b）相关记录的表式宜自行制作，也可以采用附录 D 的表式。

    c）有机水稻生产者应对各类记录表开展实时填写，并由内部检查员审核。

    d）各类记录应至少保存 5 年。

**5.3.4.2** 有机水稻生产者应建立可追溯体系，以及可追踪的生产批次号系统。对稻谷产品的召回和客户投诉也应制定制度或程序文件。

**5.3.4.3** 有机水稻生产者应保留生产中使用的各种物料原始凭证票据和记录文件，内部检查员应对此开展定期检查。

**5.3.4.4** 有机水稻生产者应建立纠正措施程序、预防措施程序，并记录持续改进生产管理体系的有效性。

### 5.3.5 建立预警机制

**5.3.5.1** 有机水稻生产者应建立有可能违背 GB/T 19630.1 要求的产地环境污染监控、病虫害测报与防治等事件或要素的风险预警防范机制，并在管理者中明确有专人从事此项工作。

**5.3.5.2** 应建立相关的措施，保证在本规范 5 及 6.1 中涉及的内容在发生变化时得到有效控制。

**5.3.5.3** 有机水稻生产者应通过适当的方式，对管理者、技术人员和种植者、农户或从业人员开展必要的生产风险预警与质量控制教育培训，降低质量风险存在可能，并作相关记录。

## 6 应急措施

**6.1** 当有机水稻生产单元的全部或部分地块，因周边环境条件发生变化，如周边水系污染、禁用物质漂移等造成污染时，有机生产者应开展相关监测，采取防治污染的措施，产出的稻谷应作常规稻谷处理。

**6.2** 因生产中生产者非主观故意使用了禁用物质，或使用的投入品中检出了有机生产中禁用物质的残留等，其产出的稻谷应作常规稻谷处理。

**6.3** 在水稻生长季节，因遭遇自然灾害或稻田病虫害频发、高发，被当地政府机构强制使用禁用物质时，有机水稻生产者应按 GB/T 19630.1 规定做好各项善后处理。

# 附录 A
## （规范性附录）
## 有机水稻生产中允许使用的土壤培肥和改良物质

有机水稻生产中允许使用的土壤培肥和改良物质见表 A.1。

表 A.1 允许使用的土壤培肥和改良物质

| 物质类别 | 物质名称、组分和要求 | 主要适用与使用条件 |
|---|---|---|
| I.植物和动物来源 | 植物材料（如作物秸秆、绿肥、稻壳及副产品） | 补充土壤肥力<br>非转基因植物材料 |
| | 畜禽粪便及其堆肥（包括圈肥） | 补充土壤肥力<br>集约化养殖场粪便慎用 |
| | 畜禽粪便和植物材料的厌氧发酵产品（沼肥） | 补充土壤肥力 |
| | 海草或物理方法生产的海草产品 | 补充土壤肥力<br>仅直接通过下列途径获得：物理过程，包括脱水、冷冻和研磨；用水或酸和/或碱溶液提取；发酵 |
| | 来自未经化学处理木材的木料、树皮、锯屑、刨花、木灰、木炭及腐殖酸物质 | 补充土壤肥力<br>地面覆盖或堆制后作为有机肥源 |
| | 动物来源的副产品（如肉粉、骨粉、血粉、蹄粉、角粉、皮毛、羽毛和毛发粉、鱼粉、牛奶及奶制品等） | 补充土壤肥力<br>未添加禁用物质，经过堆制或发酵处理 |
| | 不含合成添加剂的食品工业副产品 | 补充土壤肥力<br>经堆制并充分腐熟后 |
| | 蘑菇培养废料和蚯蚓培养基质的堆肥 | 补充土壤肥力<br>培养基的初始原料限于本附录中的产品，经堆制并充分腐熟后 |
| | 草木灰、稻草灰、木炭、泥炭 | 补充土壤肥力<br>作为薪柴燃烧后的产品，不得露天焚烧 |
| | 饼粕、饼粉 | 补充土壤肥力<br>不能使用经化学方法加工的<br>非转基因 |
| | 食品工业副产品 | 补充土壤肥力<br>经过堆制或发酵处理 |

（续表）

| 物质类别 | 物质名称、组分和要求 | 主要适用与使用条件 |
|---|---|---|
| Ⅱ. 矿物来源 | 磷矿石 | 补充土壤肥力<br>天然来源，未经化学处理，五氧化二磷中镉含量小于等于90毫克/千克 |
| | 钾矿粉 | 补充土壤肥力<br>天然来源，未经化学方法浓缩。氯的含量少于60% |
| | 硼砂、石灰石、石膏和白垩、黏土（如珍珠岩、蛭石等）、硫黄、镁矿粉 | 补充土壤肥力<br>天然来源、未经化学处理、未添加化学合成物质 |
| Ⅲ. 微生物来源 | 可生物降解的微生物加工副产品，如酿酒和蒸馏酒行业的加工副产品 | 补充土壤肥力<br>未添加化学合成物质 |
| | 天然存在的微生物提取物 | 补充土壤肥力<br>未添加化学合成物质 |

# 附录 B

## （规范性附录）

## 有机水稻生产中病虫草害防治允许使用的物质

### B.1 有机水稻生产中病虫草害防治允许使用的物质

见表 B.1。

表 B.1 病虫草害防治中允许使用的物质

| 物质类别 | 物质名称、组分和要求 | 主要适用与使用条件 |
|---|---|---|
| Ⅰ. 植物和动物来源 | 楝素（苦楝、印楝等提取物） | 杀虫剂。防治螟虫（二化螟、三化螟） |
| | 天然除虫菊（除虫菊科植物提取液） | 杀虫剂。防治稻飞虱、白背飞虱等虫害 |
| | 苦楝碱及氧化苦参碱（苦参等提取液） | 广谱杀虫剂。防治螟虫、飞虱、蚜虫等虫害 |
| | 鱼藤酮类（如毛鱼藤） | 杀虫剂。防治稻蓟马、蚜虫等虫害 |
| | 蛇床子素（蛇床子提取物） | 杀虫剂、杀真菌剂。防治稻曲病、白叶枯病、细菌性条斑病 |
| | 天然酸（如食醋、木醋和竹醋等） | 杀菌剂。防治水稻细菌性病害。因地制宜 |

（续表）

| 物质类别 | 物质名称、组分和要求 | 主要适用与使用条件 |
|---|---|---|
| Ⅰ．植物和动物来源 | 水解蛋白质 | 引诱剂。只在批准使用的条件下，并与本附录的适当产品结合使用。具杀虫效果。因地制宜 |
| | 具有驱避作用的植物提取物（大蒜、薄荷、辣椒、花椒、薰衣草、柴胡、艾草的提取物） | 驱避剂。水稻主要病虫害防治。因地制宜 |
| | 昆虫天敌（如赤眼蜂、瓢虫、草蛉等） | 赤眼蜂防治各类螟虫，瓢虫防治蚜虫、稻飞虱，草蛉防治蚜虫、介壳虫、螟虫等 |
| Ⅱ．矿物来源 | 氢氧化钙（石灰水） | 杀真菌剂、杀虫剂。3%～5%石灰水防治稻曲病、穗腐病、黑穗病等 |
| | 硫黄 | 杀真菌剂、杀螨剂、驱避剂。大棚育秧熏蒸用。因地制宜 |
| | 硅藻土 | 杀虫剂。仓库虫害。因地制宜 |
| Ⅲ．微生物来源 | 真菌及真菌提取物剂（如白僵菌、轮枝菌、木霉菌等） | 杀虫剂、杀菌剂、除草剂。水稻主要病虫草害综合防治。因地制宜 |
| | 细菌及细菌提取物（如苏云金芽孢杆菌、枯草芽孢杆菌、蜡质芽孢杆菌、地衣芽孢杆菌、荧光假单孢杆菌等） | 杀虫剂、杀菌剂、除草剂。水稻主要病虫草害综合防治。因地制宜 |
| | 病毒及病毒提取物（如核型多角体病毒、颗粒体病毒等） | 杀虫剂。水稻主要虫害防治。因地制宜 |
| Ⅳ．其他 | 二氧化碳 | 杀虫剂。用于贮存设施。因地制宜 |
| | 乙醇 | 杀菌剂。防治水稻真菌性病害。因地制宜 |
| | 海盐和盐水 | 杀菌剂。仅用于水稻种子处理 |
| | 昆虫性诱剂 | 仅用于诱捕器和散发皿内。水稻虫害防治 |
| | 磷酸氢二铵 | 引诱剂。只限用于诱捕器中使用 |
| Ⅴ．诱捕器、屏障 | 物理措施（如色彩诱器、机械诱捕器等） | 水稻主要虫害防治 |
| | 覆盖物（网） | 水稻主要虫害防治 |

## B. 2　病虫草害防治中有条件使用的农用抗生素类物质（略）

## 附录 C

（资料性附录）

## 农家堆肥堆制

### C. 1　来源要求

**C. 1. 1**　有机水稻生产应优先使用本生产单元或其他有机生产单元的作物秸秆及其处理加工后的废弃物、绿肥、畜禽粪便为主要原料制作农家堆肥，以维持和提高土壤的肥力、营养平衡和土壤生物活性。

**C. 1. 2**　当从本生产单元或其他有机生产单元无法满足制作农家堆肥的原料需求时，可使用符合本规范附录 A. 1 要求的有机农业体系外的各类动植物残体、畜禽排泄物、生物废物等有机质副产品资源为主要原料，并与少量泥土混合堆制。

**C. 1. 3**　为使堆肥充分腐熟，可在堆制过程中添加来自于自然界的好气性微生物，但不应使用转基因生物及其衍生物与产品。

### C. 2　堆制方法

**C. 2. 1**　选择背风向阳的农家庭院或田边地角建堆，堆底平而实，堆场四周起埂，利于增温，防止跑水。

**C. 2. 2**　将已浸透水的作物秸秆或其他动植物残体与畜禽排泄物、生物废物等主要原料充分搅拌混匀，同时渗入少量泥土，然后分层撒堆，并适当踩实，料面上还可以混入来自自然界的微生物；最后，用泥密封 1. 5 ~ 2cm。要求堆宽 1. 5 ~ 2. 0m，堆高 1. 5 ~ 1. 6m，长度不限。

**C. 2. 3**　堆制 10d ~ 15d 可人工或机械翻堆 1 次，并酌情补水，加速成肥过程。如不翻堆，可在中央竖几把秸秆束以便于透气，满足好气性微生物活动。

### C. 3　质量指标

农家堆肥应充分腐熟，成肥颜色以黄褐色最佳，无恶臭味或者有点霉味和发酵味。有毒有害物质、重金属含量、大肠杆菌和蛔虫卵残等有害微生物应符合国家相关标准的质量指标。

### C. 4　农家堆肥制作

应填写表 C. 1（略）。

## 附录 D （略）

## 附录 E

### （资料性附录）

### 有机水稻种子生产基本要求

**E.1** 有机水稻种子生产应在有机生产单元内进行，选择地势平坦、土质良好、地力均匀、排灌方便以及不易受周围环境影响的地块，属杂交水稻制种时，需有相应的隔离措施。

**E.2** 种子生产过程应符合 GB/T 19630.1 的要求。

**E.3** 种子生产技术及种子质量标准应遵循 GB 4404.1 和 GB/T 3543 中有关水稻种子的要求。

**E.4** 可选用常规的水稻原种、良种以及杂交亲本进行有机水稻种子生产。

**E.5** 不宜选择秧田或前茬刚种过水稻的田块，以防止机械混杂和生物学混杂，保证种子的纯度。

**E.6** 同一品种需成片种植。品种相邻的田块，若花期相近，应设置隔离屏障或将制种田周边 5m 范围内所产的稻谷不作种子用。同一常规水稻品种已作种子种植多年，应采取提纯度复壮的技术措施。

**E.7** 整个生育期期间，应随时观察，及时拔除病、劣、杂株，并携出田外。

**E.8** 应依据株行、株系、原种和良种分别单收、单脱、单晒，并经种子精选、检验后入库储存。

**E.9** 应详细记载品种的特征特性，如生育期、株高、株型、穗粒结构及产量性状。

**E.10** 应加强种子生产过程中的病虫草害防治，特别是种传病害的防治。

## 附录 F

### （资料性附录）

### 有机水稻稻谷产品（含大米）质量安全重点风险检测项目表

有机水稻稻谷产品（含大米）质量安全重点风险检测项目见表 F.1。

**表 F.1  有机水稻稻谷产品（含大米）质量安全重点风险检测项目表**

| 检测项目 | | | |
|---|---|---|---|
| 农药残留项目 | | 重金属项目 | 其他卫生安全项目 |
| 杀虫、杀菌剂 | 除草剂 | | |
| 甲胺磷<br>乙酰甲胺磷<br>乐果<br>三唑磷<br>毒死蜱<br>噻嗪酮<br>吡虫啉<br>三唑酮<br>稻瘟灵<br>三环唑 | 丁草胺<br>杀草丹<br>灭草松<br>禾大壮 | 镉（以 Cd 计）<br>铅（以 Pb 计） | 黄曲霉毒素 $B_1$ |
| 备　注 | 1. 检测机构应符合国家规定的法定资质。<br>2. 所列项目应全检。<br>3. 检测方法执行相关国家或行业标准的规定。<br>4. 限量值执行 GB/T 19630.1—2011 要求的禁用物质不得检出、重金属和其他卫生安全项目执行国家标准的规定。 | | |

# 附录三

# NY 525—2012《有机肥料》节选

## 1 范围

本文件规定了有机肥料的技术要求、试验方法、检验规则、标识、包装、运输和贮存。

本文件适用于以畜禽粪便、动植物残体和以动植物产品为原料加工的下脚料为原料，并经发酵腐熟后制成的有机肥料。

本文件不适用于绿肥、农家肥和其他农民自积自造的有机粪肥。

## 2 规范性引用文件

下列文件对于本文件的应用是必不可少的。凡是注日期的引用文件，仅注日期的版本适用于本文件。凡是不注日期的引用文件，其最新版本（包括所有的修改单）适用于本文件。

GB/T 601 化学试剂 滴定分析（容量分析）用标准溶液制备

GB/T 6679 固体化工产品采样通则

GB/T 6682 分析实验室用水规格和试验方法

GB/T 8170 数值修约规则与极限数值的表示和判定

GB/T 8576 复混肥料中游离水含量测定 真空烘箱法

GB 18382 肥料标识 内容和要求

GB 18877 有机—无机复混肥料

GB/T 19524.1 肥料中粪大肠菌群的测定

GB/T 19524.2 肥料中蛔虫卵死亡率的测定

HG/T 2843 化肥产品化学分析常用标准滴定溶液、标准溶液、试剂溶液和指示剂溶液

NY 884 生物有机肥

## 3 术语和定义

下列术语和定义适用于本文件。

### 3.1

有机肥料 organic fertilizer

主要来源于植物和/或动物，经过发酵腐熟的含碳有机物料，善土壤肥力、提供植物营养、提高作物品质。

**3.2**

鲜样　fresh sample

现场采集的有机肥料样品。

## 4　要求

**4.1**　外观颜色为褐色或灰褐色，粒状或粉状，均匀，无恶臭，无机械杂质。

**4.2**　有机肥料的技术指标应符合表 1 的要求。

表 1

| 项　目 | 指　标 |
| --- | --- |
| 有机质的质量分数（以烘干基计），% | ≥45 |
| 总养分（氮+五氧化二磷+氧化钾）的质量分数（以烘干基计），% | ≥5.0 |
| 水分（鲜样）的质量分数，% | ≤30 |
| 酸碱度（pH） | 5.5~8.5 |

**4.3**　有机肥料中重金属的限量指标应符合表 2 的要求。

表 2

| 项　目 | 限量指标 |
| --- | --- |
| 总砷（As）（以烘干基计），毫克/千克 | ≤15 |
| 总汞（Hg）（以烘干基计），毫克/千克 | ≤2 |
| 总铅（Pb）（以烘干基计），毫克/千克 | ≤50 |
| 总镉（Cd）（以烘干基计），毫克/千克 | ≤3 |
| 总铬（Cr）（以烘干基计），毫克/千克 | ≤150 |

**4.4**　蛔虫卵死亡率和粪大肠菌群数指标应符合 NY 884 的要求。

## 5　试验方法

本文件中所用水应符合 GB/T 6682 中三级水的规定。所列试剂，除注明外，均指分析纯试剂。试验中所需标准溶液，按 HG/T 2843 规定制备。

**5.1　外观**

目视、鼻嗅测定。

## 5.2 有机质含量测定（重铬酸钾容量法）

### 5.2.1 方法原理

用定量的重铬酸钾—硫酸溶液，在加热条件下，使有机肥料中的有机碳氧化，多余的重铬酸钾用硫酸亚铁标准溶液滴定，同时以二氧化硅为添加物作空白试验。根据氧化前后氧化剂消耗量，计算有机碳含量，乘以系数 1.724，为有机质含量。

### 5.2.2 仪器、设备

实验室常用仪器设备。

### 5.2.3 试剂及制备（略）

### 5.2.4 测定步骤

称取过 Φ1mm 筛的风干试样 0.2g～0.5g（精确至 0.000 1g），置于 500mL 的三角瓶中，准确加入 0.8 mol/L 重铬酸钾溶液（5.2.3.4）50.0mL，再加入 50.0mL 浓硫酸（5.2.3.2），加一弯颈小漏斗，置于沸水中，待水沸腾后保持 30min。取出冷却至室温，用水冲洗小漏斗，洗液承接于三角瓶中。取下三角瓶，将反应物无损转入 250mL 容量瓶中，冷却至室温，定容，吸取 50.0mL 溶液于 250mL 三角瓶内，加水约至 100mL 左右，加 2 滴～3 滴邻啡啰啉指示剂（5.2.3.6），用 0.2mol/L 硫酸亚铁标准溶液（5.2.3.5）滴定近终点时，溶液由绿色变成暗绿色，再逐滴加入硫酸亚铁标准溶液直至生成砖红色为止。同时称取 0.2g（精确至 0.001g）二氧化硅（5.2.3.1）代替试样，按照相同分析步骤，使用同样的试剂，进行空白试验。

如果滴定试样所用硫酸亚铁标准溶液的用量不到空白试验所用硫酸亚铁标准溶液用量的 1/3 时，则应减少称样量，重新测定。

### 5.2.5 分析结果的表述（略）

### 5.2.6 允许差

**5.2.6.1** 取平行分析结果的算术平均值为测定结果。

**5.2.6.2** 平行测定结果的绝对差值应符合表 3 要求。

表3

| 有机质（ω），% | 绝对差值,% |
| --- | --- |
| ω≤40 | 0.6 |
| 40<ω<55 | 0.8 |
| ω≥55 | 1.0 |

不同实验室测定结果的绝对差值应符合表4要求。

表4

| 有机质（ω),% | 绝对差值,% |
| --- | --- |
| ω≤40 | 1.0 |
| 40<ω<55 | 1.5 |
| ω≥55 | 2.0 |

### 5.3 总氮含量测定

#### 5.3.1 方法原理

有机肥料中的有机氮经硫酸—过氧化氢消煮，转化为铵态氮。碱化后蒸馏出来的氨用硼酸溶液吸收，以标准酸溶液滴定，计算样品中总氮含量。

#### 5.3.2 试剂

**5.3.2.1** 硫酸（ρ1.84）。

**5.3.2.2** 30%过氧化氢。

**5.3.2.3** 氢氧化钠溶液：质量浓度为40%的溶液。

称取40g氢氧化钠（化学纯）溶于100mL水中。

**5.3.2.4** 2%（m/V）硼酸溶液：称取20g硼酸溶于水中，稀释至1L。

**5.3.2.5** 定氮混合指示剂：称取0.5g溴甲酚绿和0.1g甲基红溶于100mL 95%乙醇中。

**5.3.2.6** 硼酸—指示剂混合液：每升2%硼酸（5.3.2.4）溶液中加入20mL定氮混合指示剂（5.3.2.5），并用稀碱或稀酸调至红紫色（pH约4.5）。此溶液放置时间不宜过长，如在使用过程中pH有变化，需随时用稀碱或稀酸调节。

**5.3.2.7** 硫酸 $[c(1/2H_2SO_4)=0.05mol/L]$ 或盐酸 $[c(HCl)=0.05mol/L]$ 标准溶液：配制和标定，按照GB/T 601进行。

#### 5.3.3 仪器、设备

实验室常用仪器设备和定氮蒸馏装置或凯氏定氮仪。

#### 5.3.4 分析步骤（略）

### 5.4 磷含量测定

#### 5.4.1 方法原理

有机肥料试样采用硫酸和过氧化氢消煮，在一定酸度下，待测液中的磷酸根离子与偏钒酸和钼酸反应形成黄色三元杂多酸。在一定浓度范围 [1毫克/L~ 20毫克/L] 内，黄色溶液的吸光度与含磷量呈正比例关系，用分光光度法定量磷。

**5.4.2　试剂**

**5.4.2.1**　硫酸（ρ1.84）。

**5.4.2.2**　硝酸。

**5.4.2.3**　30%过氧化氢。

**5.4.2.4**　钒钼酸铵试剂：

A 液：称取 25.0g 钼酸铵溶于 400mL 水中。

B 液：称取 1.25g 偏钒酸铵溶于 300mL 沸水中，冷却后加 250mL 硝酸（5.4.2.2），冷却。

在搅拌下将 A 液缓缓注入 B 液中，用水稀释至 1L，混匀，贮于棕色瓶中。

**5.4.2.5**　氢氧化钠溶液：质量浓度为 10%的溶液。

**5.4.2.6**　硫酸（5.4.2.1）：体积分数为 5%的溶液。

**5.4.2.7**　磷标准溶液：50μg/mL。

称取 0.219 5g 经 105℃烘干 2h 的磷酸二氢钾（基准试剂），用水溶解后，转入 1L 容量瓶中，加入 5mL 硫酸（5.4.2.1），冷却后用水定容至刻度。该溶液 1mL 含磷（P）50μg。

**5.4.2.8**　2,4-（或2,6-）二硝基酚指示剂：质量浓度为 0.2%的溶液。

**5.4.2.9**　无磷滤纸。

**5.4.3　仪器、设备**

实验室常用仪器设备及分光光度计。

**5.4.4　分析步骤（略）**

**5.5　钾含量测定**

**5.5.1　方法原理**

有机肥料试样经硫酸和过氧化氢消煮，稀释后用火焰光度法测定。在一定浓度范围内，溶液中钾浓度与发射强度呈正比例关系。

**5.5.2　试剂**

**5.5.2.1**　硫酸（ρ1.84）。

**5.5.2.2**　30%过氧化氢。

**5.5.2.3**　钾标准贮备溶液：1mg/mL。

称取 1.906 7g 经 100℃ 烘 2h 的氯化钾（基准试剂），用水溶解后定容至 1L。该溶液 1mL 含钾（K）1 毫克，贮于塑料瓶中。

**5.5.2.4** 钾标准溶液：$100\mu g/mL$。

吸取 10.00mL 钾（K）标准贮备溶液（5.4.2.3）于 100mL 容量瓶中，用水定容，此溶液 1mL 含钾（K）$100\mu g$。

### 5.5.3 仪器、设备

实验室常用仪器设备及火焰光度计。

### 5.5.4 分析步骤（略）

## 5.6 水分含量测定（真空烘箱法）

按 GB/T 8576 进行，分别测定鲜样含水量、风干样含水量（$X_0$）。

## 5.7 酸碱度的测定（pH 计法）

### 5.7.1 方法原理

试样经水浸泡平衡，直接用 pH 酸度计测定。

### 5.7.2 仪器

实验室常用仪器及 pH 酸度计。

### 5.7.3 试剂和溶液

**5.7.3.1** pH 4.01 标准缓冲液：称取经 110℃ 烘 1h 的邻苯二钾酸氢钾（$KHC_8H_4O_4$）10.21g，用水溶解，稀释定容至 1L。

**5.7.3.2** pH 6.87 标准缓冲液：称取经 120℃ 烘 2h 的磷酸二氢钾（$KH_2PO_4$）3.398g 和经 120~130℃ 烘 2h 的无水磷酸氢二钠（$Na_2HPO_4$）3.53g，用水溶解，稀释定容至 1L。

**5.7.3.3** pH 9.18 标准缓冲液：称取硼砂（$Na_2B_4O_7 \cdot 10H_2O$）（在盛有蔗糖和食盐饱和溶液的干燥器中平衡一周）3.8g，用水溶解，稀释定容至 1L。

### 5.7.4 操作步骤

称取过 Φ1mm 筛的风干样 5.0g 于 100mL 烧杯中，加 50mL 水（经煮沸驱除二氧化碳），搅动 15min，静置 30min，用 pH 酸度计测定。

### 5.7.5 允许差

取平行测定结果的算术平均值为最终分析结果，保留一位小数。平行分析结果的绝对差值不大于 0.2 pH 单位。

## 5.8 重金属的测定

### 5.8.1 按 GB 18877 进行。

**5.8.2　分析结果的表述（略）**

**5.9　蛔虫卵死亡率的测定**

按 GB/T 19524.2 进行。

**5.10　粪大肠菌群数的测定**

按 GB/T 19524.1 进行。

**6　检验规则（略）**

**7　包装、标识、运输和贮存**

**7.1**　有机肥料用覆膜编织袋或塑料编织袋衬聚乙烯内袋包装。每袋净含量（50±0.5）千克、（40±0.4）千克、（25±0.25）千克、（10±0.1）千克，平均每袋净含量不得低于 50.0 千克、40.0 千克、25.0 千克、10.0 千克。

**7.2**　有机肥料包装袋上应注明：产品名称、商标、有机质含量、总养分含量、净含量、标准号、登记证号、企业名称、厂址。其余按 GB 18382 执行。

**7.3**　有机肥料应贮存于阴凉干燥处，在运输过程中应防潮、防晒、防破裂。

# 附录四

# NY 884—2012《生物有机肥》节选

**1 范围**

本标准规定了生物有机肥的要求、检验方法、检验规则、包装、标识、运输和贮存。

本标准适用于生物有机肥。

**2 规范性引用文件**

下列文件对于本文件的应用是必不可少的。凡是注日期的引用文件，仅注日期的版本适用于本文件。凡是不注日期的引用文件，其最新版本（包括所有的修改单）适用于本文件。

GB/T 8170—2008 数值修约规则与极限数值的表示和判定

GB/T 19524.1—2004 肥料中粪大肠菌群的测定

GB/T 19524.2—2004 肥料中蛔虫卵死亡率的测定

NY/T 1978—2010 肥料中汞、砷、镉、铅、铬含量的测定

NY 525—2012 有机肥料

NY/T 798—2004 复合微生物肥料

NY 1109—2006 微生物肥料生物安全通用技术准则

HG/T 2843—1997 化肥产品化学分析常用标准滴定溶液、试剂溶液和指示剂溶液

**3 术语和定义**

下列术语和定义适用于本标准。

**3.1**

生物有机肥 microbial organic fertilizers

指特定功能微生物与主要以动植物残体（如畜禽粪便、农作物秸秆等）为来源并经无害化处理、腐熟的有机物料复合而成的一类兼具微生物肥料和有机肥效应的肥料。

## 4　要求

### 4.1　菌种

使用的微生物菌种应安全、有效，有明确来源和种名。菌株安全性应符合 NY 1109—2006 的规定。

### 4.2　外观（感官）

粉剂产品应松散、无恶臭味；颗粒产品应无明显机械杂质、大小均匀、无腐败味。

### 4.3　技术指标

生物有机肥产品的各项技术指标应符合表 1 的要求，产品剂型包括粉剂和颗粒两种。

**表 1　生物有机肥产品技术指标要求**

| 项　目 | 技术指标 |
| --- | --- |
| 有效活菌数（cfu），亿/g | ≥0.20 |
| 有机质（以干基计），% | ≥40.0 |
| 水分，% | ≤30.0 |
| pH | 5.5~8.5 |
| 粪大肠菌群数，个/g | ≤100 |
| 蛔虫卵死亡率，% | ≥95 |
| 有效期，月 | ≥6 |

**4.4**　生物有机肥产品中 5 种重金属限量指标应符合表 2 的要求。

**表 2　生物有机肥产品 5 种重金属限量技术要求**

（单位：毫克/千克）

| 项　目 | 限量指标 |
| --- | --- |
| 总砷（As）（以干基计） | ≤15 |
| 总镉（Cd）（以干基计） | ≤3 |
| 总铅（Pb）（以干基计） | ≤50 |
| 总铬（Cr）（以干基计） | ≤150 |
| 总汞（Hg）（以干基计） | ≤2 |

## 5　抽样方法

对每批产品进行抽样检验，抽样过程应避免杂菌污染。

## 5.1 抽样工具

抽样前预先备好无菌塑料袋（瓶）、金属勺、剪刀、抽样器、封样袋、封条等工具。

## 5.2 抽样方法和数量

在产品库中抽样，采用随机法抽取。

抽样以袋为单位，随机抽取 5～10 袋。在无菌条件下，从每袋中取样 300～500g，然后将所有样品混匀，按四分法分装 3 份，每份不少于 500g。

## 6 试验方法

本标准所用试剂、水和溶液的配制，在未注明规格和配制方法时，均应按 HG/T 2843—1997 的规定。

## 6.1 外观

用目测法测定：取少量样品放在白色搪瓷盘（或白色塑料调色板）中，仔细观察样品的颜色、形状和质地，辨别气味，应符合 4.2 的规定。

## 6.2 有效活菌数测定

应符合 NY/T 798—2004 中 5.3.2 的规定。

## 6.3 有机质的测定

应符合 NY 525—2012 中 5.2 的规定。

## 6.4 水分测定

应符合 NY/T 798—2004 中 5.3.5 的规定。

## 6.5 pH 测定

应符合 NY/T 798—2004 中 5.3.7 的规定。

## 6.6 粪大肠菌群数的测定

应符合 GB/T 19524.1—2004 的规定。

## 6.7 蛔虫卵死亡率的测定

应符合 GB/T 19524.2—2004 的规定。

## 6.8 As、Cd、Pb、Cr、Hg 的测定

应符合 NY/T 1978—2010 中的规定。

## 7 检验规则

## 7.1 检验分类（略）

## 7.2 判定规则

本标准中质量指标合格判断，采用 GB/T 8170—2008 的规定。

### 7.2.1 具下列任何一条款者，均为合格产品

a）产品全部技术指标都符合标准要求；

b）在产品的外观、pH、水分检测项目中，有 1 项不符合标准要求，而产品其他各项指标符合标准要求。

### 7.2.2 具下列任何一条款者，均为不合格产品

a）产品中有效活菌数不符合标准要求；

b）有机质含量不符合标准要求；

c）粪大肠菌群数不符合标准要求；

d）蛔虫卵死亡率不符合标准要求；

e）As、Cd、Pb、Cr、Hg 中任一含量不符合标准要求；

f）产品的外观、pH、水分检测项目中，有 2 项以上不符合标准要求。

## 8 包装、标识、运输和贮存

生物有机肥的包装、标识、运输和贮存应符合 NY/T 798—2004 中第 7 章的规定。

# 附录五

# NY/T 798—2015《复合微生物肥料》节选

## 1 范围

本标准规定了复合微生物肥料的术语和定义、要求、试验方法、检验规则、标志、包装运输及贮存。

本标准适用于复合微生物肥料。

## 2 规范性引用文件（略）

## 3 术语和定义

NY/T 1113 界定的以及下列术语和定义适用于本文件。

### 3.1

复合微生物肥料 compound microbial fertilizers

指特定微生物与营养物质复合而成，能提供、保持或改善植物营养，提高农产品产量或改善农产品品质的活体微生物制品。

### 3.2

总养分 total primary nutrient

总氮、有效五氧化二磷和氧化钾含量之和，以质量分数计。

## 4 要求

### 4.1 菌种

使用的微生物菌种应安全、有效。生产者应提供菌种的分类鉴定报告，包括属及种的学名、形态、生理生化特性及鉴定依据等完整资料，以及菌种安全性评价资料。采用生物工程菌，应具有获准允许大面积释放的生物安全性有关批文。

### 4.2 外观（感官）

均匀的液体或固体。悬浮型液体产品应无大量沉淀，沉淀轻摇后分散均匀；粉状产品应松散；粒状产品应无明显机械杂质、大小均匀。

## 4.3　技术指标

复合微生物肥料各项技术指标应符合表1的要求。产品剂型分为液体和固体，固体剂型包含粉状和粒状。

**表1　复合微生物肥料产品技术指标要求**

| 项　目 | 剂　型 | |
|---|---|---|
| | 液体 | 固体 |
| 有效活菌数（cfu）[a]，亿/g（mL） | ≥0.50 | ≥0.20 |
| 总养分（N+ $P_2O_5$+ $K_2O$）[b]，% | 6.0~20.0 | 8.0~25.0 |
| 有机质（以烘干基计），% | — | ≥20.0 |
| 杂菌率，% | ≤15.0 | ≤30.0 |
| 水分，% | — | ≤30.0 |
| pH | 5.5~8.5 | 5.5~8.5 |
| 有效期[c]，月 | ≥3 | ≥6 |

[a] 含两种以上有效菌的复合微生物肥料，每一种有效菌的数量不得少于0.01亿/g（mL）。

[b] 总养分应为规定范围内的某一确定值，其测定值与标明值正负偏差的绝对值不应大于2.0%；各单一养分值应不少于总养分含量的15.0%。

[c] 此项仅在监督部门或仲裁双方认为有必要时才检测。

## 4.4　无害化指标

复合微生物肥料产品的无害化指标应符合表2的要求。

**表2　复合微生物肥料产品无害化指标要求**

| 项　目 | 限量指标 |
|---|---|
| 粪大肠菌群数，个/g（mL） | ≤100 |
| 蛔虫卵死亡率，% | ≥95 |
| 总砷（以烘干基计），毫克/k | ≤15 |
| 总镉（以烘干基计），毫克/千克 | ≤3 |
| 总铅（以烘干基计），毫克/千克 | ≤50 |
| 总铬（以烘干基计），毫克/千克 | ≤150 |
| 总汞（以烘干基计），毫克/千克 | ≤2 |

## 5 试验方法（略）

## 6 检验规则

### 6.1 检验分类

### 6.1.1 出厂检验

产品出厂时，应由生产企业的质量检验部门按表1进行检验，出厂检验时不检有效期。

### 6.1.2 型式检验

型式检验应包含表2中的指标要求。有下列情况之一者，应进行型式检验：

　　a）新产品鉴定；

　　b）产品的工艺、材料等有较大更改与变化；

　　c）出厂检验结果与上次型式检验有较大差异时；

　　d）国家质量监督机构进行抽查。

### 6.2 抽样

### 6.2.1 通则

按每一发酵罐菌液（或每批固体发酵）加工成的产品为一批，进行抽样检验，抽样过程严格避免杂菌污染。

### 6.2.2 抽样工具

无菌塑料袋（瓶），金属勺、抽样器、量筒、牛皮纸袋、胶水、抽样封条及抽样单等。

### 6.2.3 抽样方法和数量

一般在成品库中抽样，采用随机法抽取。随机抽取 5 袋（桶）~10 袋（桶），在无菌条件下，每袋（桶）取样 500g（mL）。然后将抽取样品混匀，按四分法分装 3 袋（瓶），每袋（瓶）不少于 500g（mL）。

### 6.3 判定规则

技术指标和无害化指标均符合要求的为合格产品。

出厂检验的技术指标符合表1要求时，判该批产品合格，签发质量合格证后方可出厂。

## 7 包装、标识、运输和贮存

### 7.1 包装

根据不同产品剂型选择适当的包装材料、容器、形式和方法，以满足产品包装的基本要求。产品包装中应有产品合格证和使用说明书，在使用说明书中标明使用范围、方法、用量及注意事项等内容。

### 7.2　标识

标识所标注的内容，应符合国家法律、法规的规定。

#### 7.2.1　产品名称及商标

应标明国家标准、行业标准已规定的产品通用名称，商品名称或者有特殊用途的产品名称，可在产品通用名下以小一号字体予以标注。国家标准、行业标准对产品通用名称没有规定的，应使用不会引起用户、消费者误解和混淆的商品名称。企业可以标注经注册登记的商标。

#### 7.2.2　产品规格

应标明产品在每一个包装物中的净重，并使用国家法定计量单位。标注净重的误差范围不得超过其明示量的±5%。

#### 7.2.3　产品执行标准

应标明产品所执行的标准编号。

#### 7.2.4　产品登记证号

应标明有效的产品登记证号。

#### 7.2.5　生产者名称、地址

应标明经依法登记注册并能承担产品质量责任的生产者名称、地址、邮政编码和联系电话。进口产品可以不标生产者的名称、地址，但应标明该产品的原产地（国家/地区），以及代理商或者进口商或者销售商在中国依法登记注册的名称和地址。

#### 7.2.6　生产日期或生产批号

应在生产合格证或产品包装上标明产品的生产日期或生产批号。

#### 7.2.7　保质期

用"保质期_____个月（或年）"表示。

### 7.3　运输

运输过程中有遮盖物，防止雨淋、日晒及高温。气温低于0℃时采取适当措施，以保证产品质量。轻装轻卸，避免包装破损。严禁与对复合微生物肥料有毒、有害的其他物品混装、混运。

### 7.4　贮存

产品应贮存在阴凉、干燥、通风的库房内，不得露天堆放，以防日晒、雨淋，避免不良条件的影响。

# 附录六

# NY/T 2596—2014《沼肥》节选

## 1 范围

本标准规定了沼肥的术语、定义、要求、试验方法和检验规则。

本标准适用于以农业有机物为原料经厌氧消化产生的沼渣沼液经加工制成的肥料。

## 2 规范性引用文件（略）

## 3 术语和定义

下列术语和定义适用于本文件。

### 3.1

沼肥　anaerobic digested fertilizer

以农业有机物经厌氧消化产生的沼渣沼液为载体，加工成的肥料。主要包括沼渣肥和沼液肥。

### 3.2

沼液肥　digested effluent fertilizer

以农业有机物经厌氧消化后产生的沼液为载体加工成的肥料。

### 3.3

沼渣肥　digested sludge fertilizer

以农业有机物经厌氧消化后产生的沼渣为载体加工成的肥料。

### 3.4

总养分　total nutrient content

沼肥中全氮、全磷（$P_2O_5$）和全钾（$K_2O$）的含量之和，通常以质量百分数计。

## 4 要求

4.1 外观：沼肥的颜色为棕褐色或黑色。

4.2 沼肥的技术指标应符合表1的规定。

**表 1　沼肥的技术指标**

| 项　目 | 指　标 | |
|---|---|---|
| | 沼液肥，g/L | 沼渣肥，% |
| 水　分 | — | ≤20 |
| 酸碱度（pH） | 5~8 | 5.5~8.5 |
| 总养分（N+ $P_2O_5$+ $K_2O$）含量（以干基计） | ≥80 | ≥5.0 |
| 有机质（以干基计） | — | ≥30 |
| 水不溶物 | ≤50 | — |

**4.3** 沼肥的限量指标应符合表 2 的规定。

**表 2　沼肥的限量指标**

| 项　目 | 指　标 | |
|---|---|---|
| | 沼液肥 | 沼渣肥 |
| 粪大肠菌群数，个/g（mL） | ≤100 | ≤100 |
| 蛔虫卵死亡率，% | ≥95 | ≥95 |
| 总砷（以 As 计），mg/kg | ≤10 | ≤15 |
| 总镉（以 Cd 计），mg/kg | ≤10 | ≤3 |
| 总铅（以 Pb 计），mg/kg | ≤50 | ≤50 |
| 总铬（以 Cr 计），mg/kg | ≤50 | ≤150 |
| 总汞（以 Hg 计），mg/kg | ≤5 | ≤2 |

## 5　试验方法（略）

## 6　检验规则

### 6.1　检验类别及验项目

产品检验包括出厂检验和型式检验，表 1 中水分含量等指标为出厂检验项目，表 2 中蛔虫卵死亡率、粪大肠菌值、汞、铅、砷、铬、镉含量测定为型式检验项目。型式检验项目在下列情况时，应进行测定：

　　a）正式生产时，原料、工艺及设备发生变化。

　　b）正式生产时定期或积累到一定量后，应周期性进行一次检验。

　　c）国家质量监督检验机构提出型式检验的要求时。

### 6.2　组批

产品按批检验，以一天或两天的产量为一批，最大批量为 500t。

### 6.3 采样方案

**6.3.1** 固体或散装产品采样按 GB/T 6679 的规定执行。

**6.3.2** 液体产品采样按 GB/T 6680 的规定执行。

### 6.4 样品缩分

将所采样品迅速混匀。固体样品用缩分器或四分法将样品缩分至 1 千克，再缩分为两份，分装于两个洁净、干燥的 500mL 具有磨口塞的广口瓶中。液体样品经多次摇动混匀后，迅速取出 1L，分装于两个同样的广口瓶中。密封并贴上标签，注明生产企业名称、产品名称、批号或生产日期、取样日期、取样人姓名，一瓶做产品质量分析，另一瓶保存 2 个月，以备查用。

### 6.5 判定规则

**6.5.1** 本标准中产品技术指标的数字修约应符合 GB/T 8170 的规定；产品质量指标合格判定应符合 GB 1250 中"修约值比较法"的规定。

**6.5.2** 出厂检验的项目全部符合本标准要求时，判该批产品合格。

**6.5.3** 如果检验结果中有一项指标不符合本标准要求时，应重新自二倍量的包装容器中采取样品进行检验，重新检验结果中，即使有一项指标不符合本标准要求，判该批产品不合格。

**6.5.4** 每批检验合格的出厂产品应附有质量证明书，其内容包括：生产企业名称、地址、产品名称、批号或生产日期、产品净重、总养分含量、有机质含量和本标准编号。

### 7 包装、标识、运输和贮存

**7.1** 根据不同产品剂型选择适当的包装材料、容器、形式和方法。

产品包装中应有产品合格证和使用说明书，在使用说明书中标明使用范围、方法、用量及注意事项等。

**7.2** 产品包装容器正面应标明：产品名称、商标、总养分含量、有机质含量、净重、标准号、登记证号、生产企业名称、厂址。其余应符合 GB/T 18382 的规定。

**7.3** 在运输过程中应防雨、防潮、防晒、防破裂。

**7.4** 产品应贮存于阴凉、干燥处。

# 附录  七

# NY/T 1752—2009《稻米生产良好农业规范》节选

## 1 范围

本标准规定了水稻种植和大米加工过程良好农业规范的基本要求。

本标准适用于水稻种植和大米加工过程的质量安全管理。

## 2 规范性引用文件（略）

## 3 术语和定义

下列术语和定义适用于本标准。

### 3.1

安全间隔期 safety interval

从施药到作物收获时允许的间隔天数。

### 3.2

安全排水期 safety drainage time

从施肥、施药到允许排水的间隔天数。

### 3.3

责任单元 obligation group

能对产品批负质量责任的基本组织。

### 3.4

投入品 producer goods

稻米生产、加工过程中需要使用的如种子、薄膜、育秧盘、肥料、农药、添加剂等消耗物品。

## 4 组织管理

4.1 应有统一或相对统一的组织形式，管理、协调稻米生产良好操作规范的实施。可采用但不限于以下几种组织形式：

——公司化组织管理；

——公司加基地加农户；

    ——专业合作组织；

    ——农场或农庄；

    ——种粮大户牵头的生产基地。

**4.2** 实施单位应建立与生产规模相适应的组织管理措施，并有专人负责。有指导生产的技术人员及质量安全管理人员。

**4.3** 规模较大的企业或产业化联合体应有相应的组织框架，包含生产、加工、贸易、质检、质量管理等部门。

**4.4** 有具备相应专业知识的技术指导人员，负责技术操作规程的制定、技术指导、培训等工作，可从农技推广部门聘请。

**4.5** 有熟知水稻生产相关知识的质量安全管理人员，负责投入品的管理和使用，应由本单位人员担任。

**4.6** 重要岗位人员应进行专业理论和业务知识的培训。

## 5 质量安全管理

**5.1** 实施单位应建立质量安全管理规定和可追溯系统，来保证各项操作的有序实施。

**5.2** 质量安全管理规定由以下构成：

**5.2.1** 各管理部门（如果有）和各岗位人员的职责。

**5.2.2** 有文件规定的各个生产环节的操作，包括适用于管理人员的质量管理文件和适用于生产者的操作规程。

**5.2.2.1** 质量管理文件的内容应包括：

    ——组织机构图及相关部门（如果有）、人员的职责和权限；

    ——质量管理措施和内部检查程序；

    ——人员培训规定；

    ——生产、加工、销售实施计划；

    ——投入品（含供应商）、设施管理办法；

    ——产品的溯源管理办法；

    ——记录与档案管理制度；

    ——客户投诉处理及产品质量改进制度。

**5.2.2.2** 操作规程应简明、清晰，便于生产者领会和使用，其内容应包括：

    ——从育秧到收获、贮藏的生产操作步骤；

    ——大米加工工艺及其操作规程；

　　——采用生产关键技术的操作方法（如果适用），如育秧、抛秧、施肥、病虫草害防治、收获、稻谷调质等。

**5.2.3**　有与操作规程相配套的记录表。

**5.3**　可追溯系统由生产批号和生产记录构成。

**5.3.1**　生产批号由稻谷生产和大米加工两部分组成。稻谷生产批号应以责任单元中生产的水稻品种为基本单位，并作为生产过程各项记录的唯一编码；大米加工批号以加工班次为基本单位添加在稻谷生产批号后。生产批号以保障溯源为目的，可包括种植产地、基地名称、产品的类型、田块号、收获时间、加工单位、加工时间、加工批次等信息内容。应有文件进行规定。

**5.3.2**　生产记录应如实反映生产真实情况，并能涵盖生产的全过程。基本记录格式见附录 B。

**5.3.2.1**　基本情况记录包括：

　　——田块／基地分布图。地块图应清楚地表示出基地内田块的大小和位置、田块编号。

　　——田块的基本情况。如环境发生重大变化或水稻生长异常，应及时监测并记录。

　　——灌溉用水基本情况。如果水质发生重大变化或水稻生长异常，应及时监测并记录。

　　——厂区分布图。

　　——生产车间环境情况记录。

　　——操作人员岗位分布情况。

**5.3.2.2**　稻谷生产过程记录包括：

　　——农事管理记录。农事管理以农户和田块为主线，分育秧和种植两部分，按稻谷生产的操作顺序进行记录。记录形式可采用预置表格，生产者打"√"或填写日期，表示完成该项工作，特殊处理由安全管理人员另行记录。根据所采用的生产技术，育秧记录主要包括品种、浸种日期、浸种药剂、催芽条件、育秧方式、基土处理等；种植记录主要包括品种、移栽秧龄、移栽日期、耕作及中耕的方式、病虫草发生防治记录、投入品使用记录、收获日期、产量、干燥方法、贮存地点和其他操作。

　　——农业投入品进货记录。包括投入品名称、供应商、生产单位、购进日期和数量。

——肥料、农药的领用、配制、回收及报废处理记录。

——原粮贮存记录。包括稻谷生产批次及其构成、仓库地点、熏蒸处理、贮存日期、品种、批号、进库量、出库量、出库日期及运往目的地等。

**5.3.2.3** 原粮销售记录。包含销售日期、产品名称、批号、销售量、购买者等信息，以及销售发票、销售日记、购买定单、提货单等。

## 6 水稻种植规范

### 6.1 产地环境

**6.1.1** 稻田生产环境空气质量应符合 GB 3095 中农业区的要求；水稻生产灌溉水质应符合 GB 5084 中水作部分的要求；稻田土壤环境质量应符合 GB 15618 中Ⅱ级的要求。

**6.1.2** 水稻生产还要充分考虑相邻田块和周边环境的潜在影响，稻区应远离污染源如化工、电镀、水泥、工矿等企业，医院、饲养场等场所，污水河染区，废渣、废物、废料堆放区等。

### 6.2 投入品质量

#### 6.2.1 品种

**6.2.1.1** 选用经国家或地方审定通过并在当地示范成功的品种。

**6.2.1.2** 种子质量符合 GB 4404.1 的规定。

#### 6.2.2 肥料

**6.2.2.1** 所使用的商品肥料应具备生产许可证、肥料登记证、执行标准号，并应符合 NY/T 496 的规定。

**6.2.2.2** 提倡施用有机肥、生物有机肥，尽可能减少施肥总量。

**6.2.2.3** 有机肥料及矿质肥料的污染物应符合 GB 8172 的要求。

#### 6.2.3 农药

**6.2.3.1** 所使用的农药应具备农药登记证、生产许可证和生产批准证。复合农药应有成分表。

**6.2.3.2** 优先使用高效低毒低残留化学农药与生物农药，见附录 A，参见附录 C，严格控制农药使用量、最多使用次数和安全间隔期。

**6.2.3.3** 使用农药应按 GB/T 8321 规定执行，严禁使用高毒有机磷农药。

### 6.3 生产管理

#### 6.3.1 种植制度

**6.3.1.1** 在当地种植制度的基础上，因地制宜，建立有利于提高土壤肥力和有机质含量，减少病虫草害，保障稻米质量安全的种植制度。

**6.3.1.2**　鼓励采用多熟制种植模式。单季稻区主要有：绿肥—水稻、蔬菜—水稻、油菜—水稻、牧草—水稻、小麦—水稻等；双季稻区主要有：绿肥—水稻—水稻、油菜—水稻—水稻、蔬菜—水稻—水稻、油菜—玉米—水稻等。

### 6.3.2　播种育秧

应根据当地的气候因素和病虫害发生规律，确定适宜的播种期，趋利避害，使水稻的抽穗、开花、灌浆期与最适宜的气候时段同步。

### 6.3.3　施肥

**6.3.3.1**　应采用测土配方施肥技术，科学合理施肥，减少化肥使用量。

**6.3.3.2**　施肥后安全排水期 7d。

**6.3.3.3**　施肥可采用但不限于以下方法：

——种植豆科绿肥作物等作为肥源；

——充分发酵、腐熟的堆肥（参见附录 D）；

——稻草还田（参见附录 E）；

——稻田以水带氮施肥技术（参见附录 F）；

——调二保三降技术（参见附录 G）。

### 6.3.4　病虫草害防治

**6.3.4.1**　与测报结果相结合，按病虫草害发生程度，建立有效的防治方法。

**6.3.4.2**　采用农业防治、生物防治和物理防治等措施控制有害生物的发生和危害。主要方式有：

a）选用抗病虫的品种；

b）冬季对冬闲田翻地灭茬，冻死越冬害虫，种前翻地、耙地、整地、水淹，实行播前灭草；

c）精选种子，淘汰病虫粒，清除作物种子中央带的杂草种子，用温水、盐水、石灰水浸种；

d）通过腐熟发酵消灭有机粪肥中的杂草种子；

e）采用培育壮秧、合理稀植、宽窄行、好气灌溉等保健栽培措施，提高水稻群体的抗病虫害能力；

f）创造适宜的生态环境、提供必要的天敌栖息场所，抑制病虫害；

g）物理的方法，如用防虫网和机动吸虫机捕杀、驱除害虫，利用频振式杀虫灯和黑光灯诱杀害虫；

h) 秧苗返青后至封行前用机械或人工耘田 1~2 次。

**6.3.4.3** 采用合理耕作制度、轮作换茬、种养结合（稻鸭、稻鱼、稻蟹等）、健身栽培等农艺措施，减少有害生物的发生。

**6.3.4.4** 药剂防治：选用植物农药、生物农药、高效低毒低残留农药，在农业技术人员的指导下防治病虫草害，尽可能减少农药使用量。

**6.3.4.5** 在水稻扬花、灌浆期应避免使用农药。

**6.3.4.6** 施药安全排水期 5~7 天。

**6.3.4.7** 各类农药安全间隔期按附录 A 执行。

### 6.3.5 收获、运输、贮藏要求

**6.3.5.1** 对稻谷收获工具应进行清理，保持清洁。

**6.3.5.2** 收割后的稻谷应及时干燥，可采用机械低温烘干或在用竹、木、席草等自然材料做成的垫子上晾晒。禁止在公路、沥青路面、泥土地或粉尘、大气污染较严重的地方晾晒。

**6.3.5.3** 运输工具应清洁、干燥、有防雨设施，不应与其他物品混装。

**6.3.5.4** 用于贮藏稻谷的仓库，应用自然或环保材料建造，有防潮措施。周边没有污染源。稻谷在仓库内的堆放，应保证有足够的通风。严禁与有毒、有害、有腐蚀性、易发霉、易发潮、有异味的物品混存。若进行仓库消毒、熏蒸处理，所用药剂应符合国家有关食品卫生安全的规定。

## 7 大米加工规范（略）

**附录 A（略）**

**附录 B（略）**

**附录 C（略）**

**附录 D**

**（资料性附录）**

**堆肥制作技术**

### D.1 材料准备

每 1 000 千克作物秸秆需要酵素菌 1~2 千克，尿素 5 千克（可用 10%

的人类尿、鸡粪或是30%土杂肥代替），麦麸5千克，过磷酸钙5千克。

## D.2 材料处理

玉米等高秸秆作物最好铡成20~30厘米的小段（如堆制时间长可整条秸秆堆沤），矮秸秆如稻秆、豆秆等可以不铡段。

## D.3 堆制要点

秸秆和调节碳氮比的尿素或土杂肥及麦麸要按所需求的量加足，以保证堆肥质量；秸秆应被水浸透，加足水是堆肥的关键；成堆后用泥土密封，可起到保温保水作用。堆制10~15天可翻堆1次并酌情补水，加速成肥过程。如不进行翻堆，要在中央竖几把秸秆束，便于透气，满足好气性微生物活动。

## D.4 堆制方法

**D.4.1** 选择背风向阳的地方建堆，以利增温。

**D.4.2** 堆制场地四周起土埂30厘米，堆底要求平而实，以防跑水。

**D.4.3** 将已湿透的秸秆撒于堆处，堆集高60厘米时浇足水，料面先撒尿素、磷肥总量的2/10，再加少量水溶解，然后撒酵素菌和麦麸混合总量的2/10，再撒秸秆高60厘米，按上述方法分别撒化肥和麦麸酵素菌的4/10，上面再撒秸秆30~40厘米厚及其余的化肥和菌，最后用泥封存1.5~2厘米。要求堆宽1.5~2.0米，高1.5~1.6米，长度不限。分3~4层堆沤。稻秆、麦秆，豆秆纤维长的材料不可踩实，玉米秆应适当踩实，但不可太实，否则影响发酵。

## D.5 堆肥检验标准

成肥颜色以黄褐色最佳，无气味或有点霉味和发酵味最优。

## 附录E
（资料性附录）
### 稻草还田技术

稻草还田可增加土壤中有机质含量、培肥地力、形成良性耕作环境，促进后季作物生长。具有节约成本、减轻劳动强度、增加产量，增加经济效益及净化环境等功效。

稻草还田主要有以下四种方法：

### E. 1　直接还田

**E. 1.1**　水稻人工收割或机械收制后，将稻草全部或大部分粉碎，配套大型灭茬机深翻，覆盖。

**E. 1.2**　稻草直接还田，要注意把握的要点：

——草应尽量切碎；

——提高机械耕、耙质量，保持适宜的土壤水分；

——适当掌握稻草还田量，在气候温暖多雨季节稻草还田作业与播插间隔期长的可多一些，反之则少一些；

——其他肥料配合施用，应适量施用豆饼肥、菜籽饼或腐熟人畜粪尿等调节碳氮比；

——病虫害严重的稻草不要还田；

——注意排水通气，土壤酸性过强时应适量施用石灰中和酸性。

### E. 2　腐熟还田

稻草在田头堆沤腐熟；或利用微生物堆腐剂在田间快速堆腐；或与猪粪等一起堆腐发酵，生成优质的有机肥料，再施入田中。

### E. 3　过腹还田

通过稻草碱化及青贮氨化等技术，将稻草转化为较易被畜禽吸收的物质；或以稻草为原料，制成复合型饲料。利用稻草作饲料，发展畜禽养殖，生产优质的有机肥料。

### E. 4　综合利用后还田

利用稻草为主料，根据不同季节，选用不同的食用菌种，生产食用菌。生产食用菌后的废料是一种优质有机肥，可全部还田；利用沼气发酵技术，产生沼气能源，稻草等经发酵后还田。

**附录 F**

**（资料性附录）**

**稻田以水带氨深施技术**

### F. 1　原理

稻田以水带氨深施技术可将撒施于稻田土壤表面的氮素化肥或其他复（混）合肥料随灌溉水带入 5~30 厘米的土壤料层，提高肥料的利用率15%~20%，进而减少水稻追肥的使用量10%~15%，增加土壤中有效养分含量、培肥地力，促进后季作物生长。适于在有灌溉条件的稻作区实施。

## F.2 直播追肥

在施追肥前的5~7天停止灌水，让田面自然落干，开沟将进水口与出水口相连。追肥撒施后封闭出水口，控制进水流速，让灌溉水沿沟漫入田面溶解追肥并渗入土层。

## F.3 移栽追肥

**F.3.1** 秋苗移栽后保水5~7天，然后让田面自然落干。沿进水口田埂开沟，待田面没有积水或出现1~2毫米开裂时将追肥均匀的撒施于田面，随后将灌溉水引入沟中并沿沟漫入田面。

**F.3.2** 稻田以水带氮深施，要注意把握的要点：

——在不影响秧苗正常返青和除草剂效果的情况下停止灌溉、自然落干；

——遇连绵阴雨时节，可在满足基肥和除草剂安全排水期的前提下，沿田块中心和四边提前开沟将田面积水排干；

——追肥撒施于田面后封闭排水口，控制进水口流速，使灌溉水沿沟漫入田面。

## F.4 穗分化期追肥

将穗肥和控水晒田管理相结合。复水前封闭排水口，将穗肥的施用量减少5%~7%撒施于田面，沿沟灌水漫入田面。

## F.5 灌浆期追肥

将粒肥与此时的干湿交替水分管理相结合，适当调整追肥时间并减少用量5%左右，施用时间安排在控水结束之时，即先追肥后复水。

## 附录 G （略）

# 附录 八 ■■

## GB 20287—2006
## 《农用微生物菌剂》节选

### 前　言

本标准的 5.1、5.3 和第 8 章条文为强制性条款，其余为推荐性条款。

本标准的附录 A、附录 C 和附录 D 为规范性附录，附录 B 为资料性附录。

**1　范围**

本标准规定了农用微生物菌剂（即微生物接种剂）的术语和定义、产品分类、要求、试验方法、检验规则、包装、标识、运输和贮存。

本标准适用于农用微生物菌剂类产品。

**2　规范性引用文件（略）**

**3　术语和定义（略）**

**4　产品分类**

产品按剂型可分为液体、粉剂、颗粒型；按内含的微生物种类或功能特性可分为根瘤菌菌剂、固氮菌菌剂、解磷类微生物菌剂、硅酸盐微生物菌剂、光合细菌菌剂、有机物料腐熟剂、促生菌菌剂、菌根菌菌剂、生物修复菌剂等。

**5　要求**

**5.1　菌种**

生产用的微生物菌种应安全、有效。生产者应提供菌种的分类鉴定报告，包括属及种的学名、形态、生理生化特性及鉴定依据等完整资料。生产者应提供菌种安全性评价资料。采用生物工程菌，应具有允许大面积释放的生物安全性有关批文。

## 5.2　产品外观（略）

## 5.3　产品技术指标

**5.3.1**　农用微生物菌剂产品的技术指标见表 1，其中有机物料腐熟剂产品的技术指标按表 2 执行。

**表 1　农用微生物菌剂产品的技术指标**

| 项　目 | | 剂　型 | | |
| --- | --- | --- | --- | --- |
| | | 液　体 | 粉　剂 | 颗　粒 |
| 有效活菌数（cfu）[a]，亿/g（mL） | ≥ | 2.0 | 2.0 | 1.0 |
| 霉菌杂菌数，个/g（mL） | ≤ | $3.0 \times 10^6$ | $3.0 \times 10^6$ | $3.0 \times 10^6$ |
| 杂菌率,% | ≤ | 10.0 | 20.0 | 30.0 |
| 水分,% | ≤ | — | 35.0 | 20.0 |
| 细度,% | ≥ | — | 80 | 80 |
| pH 值 | | 5.0~8.0 | 5.5~8.5 | 5.5~8.5 |
| 保质期[b]，月 | ≥ | 3 | 6 | |

　　a　复合菌剂，每一种有效菌的数量不得少于 0.01 亿/g（mL）；以单一的胶质芽孢杆菌（*Bacillus mucilaginosus*）制成的粉剂产品中有效活菌数不少于 1.2 亿/g。

　　b　此项仅在监督部门或仲裁双方认为有必要时检测。

**表 2　有机物料腐熟剂产品的技术指标**

| 项　目 | | 剂　型 | | |
| --- | --- | --- | --- | --- |
| | | 液　体 | 粉　剂 | 颗　粒 |
| 有效活菌数（cfu），亿/g（mL） | ≥ | 1.0 | 0.50 | 0.50 |
| 纤维素酶活[a]，U/g（mL） | ≥ | 30.0 | 30.0 | 30.0 |
| 蛋白酶活[b]，U/g（mL） | ≥ | 15.0 | 15.0 | 15.0 |
| 水分,% | ≤ | — | 35.0 | 20.0 |
| 细度,% | ≥ | — | 70 | 70 |
| pH 值 | | 5.0~8.5 | 5.5~8.5 | 5.5~8.5 |
| 保质期[c]，月 | ≥ | 3 | 6 | |

　　a　以农作物秸秆类为腐熟对象测定纤维素酶活。

　　b　以畜禽粪便类为腐熟对象测定蛋白酶活。

　　c　此项仅在监督部门或仲裁双方认为有必要时检测。

**5.3.2** 农用微生物菌剂产品中无害化指标见表3。

表3 农用微生物菌剂产品的无害化技术指标

| 参　数 | | 标准极限 |
|---|---|---|
| 粪大肠菌群数，个/g（mL） | ≤ | 100 |
| 蛔虫卵死亡率，% | ≥ | 95 |
| 砷及其化合物（以 As 计），mg/kg | ≤ | 75 |
| 镉及其化合物（以 Cd 计），mg/kg | ≤ | 10 |
| 铅及其化合物（以 Pb 计），mg/kg | ≤ | 100 |
| 铬及其化合物（以 Cr 计），mg/kg | ≤ | 150 |
| 汞及其化合物（以 Hg 计），mg/kg | ≤ | 5 |

## 6 试验方法

### 6.1 仪器设备（略）

### 6.2 试剂（略）

### 6.3 产品参数的检测

#### 6.3.1 外观(感官)的测定

取少量样品放到白色搪瓷盘(或白色塑料调色板)中，仔细观察样品的颜色、形状、质地。

#### 6.3.2 有效活菌数的测定

采用平板计数法，根据所测微生物的种类选用适宜的培养基。

若采用最大可能数（Most Probable Number，MPN）5 管法，遵照附录 C 的规定。

#### 6.3.2.1 系列稀释

称取样品 10g（精确到 0.01g），加入带玻璃珠的 100mL 的无菌水中（液体菌剂取 10.0mL 加入 90mL 的无菌水中），静置 20min，在旋转式摇床上 200r/min 充分振荡 30min，即成母液菌悬液（基础液）。

用无菌移液管分别吸取 5.0mL 上述母液菌悬液加入 45mL 无菌水中，按 1∶10 进行系列稀释，分别得到 1∶1×10$^1$，1∶1×10$^2$，1∶1×10$^3$，1∶1×10$^4$……稀释的菌悬液（每个稀释度应更换无菌移液管）。

#### 6.3.2.2 加样及培养

每个样品取 3 个连续适宜的稀释度，用无菌移液管分别吸取不同稀释度菌悬液 0.1mL，加至预先制备好的固体培养基平板上，分别用无菌玻璃刮刀将不同稀释度的菌悬液均匀地涂于琼脂表面。

每一稀释度重复 3 次，同时以无菌水作空白对照，于适宜的条件下培养。

### 6.3.2.3 菌落识别

根据所检测菌种的技术资料，每个稀释度取不同类型的代表菌落通过涂片、染色、镜检等技术手段确认有效菌。当空白对照培养皿出现菌落数时，检测结果无效，应重做。

### 6.3.2.4 菌落计数（略）

### 6.3.3 霉菌杂菌数的测定

采用马丁培养基，测定方法同 6.3.2。

### 6.3.4 杂菌率的测定（略）

### 6.3.5 水分的测定（略）

### 6.3.6 细度的测定（略）

### 6.3.7 pH 值的测定

打开酸度计电源预热 30min，用标准溶液校准。

pH 值的测定，每个样品重复 3 次，计算 3 次的平均值。

### 6.3.7.1 液体样品

用量筒取 40mL 样品放入 50mL 的烧杯中，直接用酸度计测定，仪器读数稳定后记录。

### 6.3.7.2 粉剂样品

称取样品 15g，放入 50mL 的烧杯中，按 1∶2（样品∶无离子水）的比例将无离子水加到烧杯中（如果样品含水量低，可根据基质类型按（1∶3）~（1∶5）的比例加无离子水），搅拌均匀。然后静置 30 min，测样品悬液的 pH 值，仪器读数稳定后记录。

### 6.3.7.3 颗粒样品

样品先研碎过 1.0 mm 试验筛，按照 6.3.7.2 的方法测定。

### 6.3.8 粪大肠菌群数的测定

应符合 GB/T 19524.1《肥料中粪大肠菌群的测定》的规定。

### 6.3.9 蛔虫卵死亡率的测定

应符合 GB/T 19524.2《肥料中蛔虫卵死亡率的测定》的规定。

### 6.3.10 纤维素酶活、蛋白酶活的测定

应符合附录 D 的规定。

**6.3.11 砷、镉、铅、铬、汞的测定**

应符合 GB 18877—2002 中的 5.12~5.17 的规定。

**6.3.12 保质期的检验**

在产品说明书标明的保质期前，按 6.3.1~6.3.11 方法测定产品相应指标。

**7 检验规则**

本标准中产品技术指标的数字修约应符合 GB 8170 的规定；产品质量合格判定应符合 GB 1250 中修约值比较法的规定。

**7.1 抽样**

按每一发酵罐菌液（或每批固体发酵）加工成的产品为一批，进行抽样检验，抽样过程严格避免杂菌污染。

**7.1.1 抽样工具**

无菌塑料袋（瓶），金属勺、抽样器、量筒、牛皮纸袋、胶水、抽样封条及抽样单等。

**7.1.2 抽样方法和数量**

一般在成品库中抽样，采用随机法抽取。

抽样以件为单位，小包装以每一包装箱为一件。随机抽取 3~5 件，每件中随机抽取一袋（瓶）；若每袋（瓶）包装小于 500g（mL）的产品，应多抽几件。大包装产品以一袋（桶）为一件，随机抽取 5~10 件，在无菌条件下，每件取样 500g（mL），然后将抽取样品混匀，按四分法分装 3 袋（瓶），每袋（瓶）不少于 500g（mL）。

**7.2 检验分类（略）**

**7.3 判定规则**

**7.3.1 具下列任何一条款者，均为合格产品**

a）检验结果各项技术指标均符合标准要求的产品；

b）在产品的外观、水分、细度、pH 值等检测项目中，有 1 项不符合要求，而其他各项技术指标符合要求的产品。

**7.3.2 具下列任何一条款者，均为不合格产品**

a）有效活菌数不符合技术指标；

b）霉菌杂菌数不符合技术指标；

c）杂菌率不符合技术指标；

d）粪大肠菌群不符合技术指标；

e）蛔虫卵死亡率不符合技术指标；

f）砷、镉、铅、铬、汞中任一含量不符合技术指标；

g）有机物料腐熟剂产品中所测酶活不符合技术指标；

h）在外观、水分、细度、pH 值等检测项目中，有 2 项（含）以上不符合要求。

## 8　包装、标识、运输和贮存（略）

### 附录 A（略）

### 附录 B

（资料性附录）

**常用染色剂**

**B.1　革兰氏染色剂**

**B.1.1　结晶紫染色液（Hucker 氏配方）**

| | | |
|---|---|---|
| 甲液：结晶紫（Crystal violet） | | 2.0g |
| 　　　乙醇（95%） | | 20.0mL |
| 乙液：草酸铵$[(NH_4)_2C_2O_4 \cdot H_2O]$ | | 0.8g |
| 　　　蒸馏水 | | 80.0mL |

甲、乙两液相混，过滤，棕色瓶保存。

**B.1.2　卢哥（Lugol）氏碘液**

| | |
|---|---|
| 碘（$I_2$）片 | 1.0g |
| 碘化钾（KI） | 2.0g |
| 蒸馏水 | 300mL |

先溶碘化钾于少量蒸馏水中，再将碘溶于碘化钾溶液中，可稍加热，最后加足蒸馏水，棕色瓶保存。

**B.1.3　脱色液**

95%的乙醇液。

**B.1.4　复染液［0.5%的番红水溶液（safranin O）］**

| | |
|---|---|
| 2.5%的番红酒精溶液 | 20mL |
| 蒸馏水 | 80mL |

### B.2 芽孢染色液

### B.2.1 孔雀绿染色液（malachite green）

| | |
|---|---|
| 孔雀绿 | 5.0g |
| 蒸馏水 | 100mL |

### B.2.2 0.5%番红染色液

### B.3 石碳酸复红染色液

| | | |
|---|---|---|
| 甲液： | 碱性复红（Basic fuchsin） | 0.3g |
| | 95%酒精 | 10.0mL |
| 乙液： | 石碳酸（Phenoecrystals C. P） | 5.0g |
| | 蒸馏水 | 95mL |

将甲、乙两液混合后即得石碳酸复红染色液原液。染色时，将原液稀释 5~10 倍使用。

## 附录 C
### （规范性附录）
### 稀释法（MPN 5 管法）

### C.1 稀释

称取样品 10.0g，加入带玻璃珠的 100mL 的无菌水中（液体菌剂取 10.0mL 加入 90mL 的无菌水中），静置 20min，在旋转式摇床上 200r/min 充分振荡 30min，即得到 $1×10^1$ 稀释度的菌悬液。

用无菌移液管吸取 5.0mL 上述菌悬液加入到装有 45mL 无菌水的三角瓶中，充分振荡摇匀，得到 $1×10^2$ 稀释度的菌悬液，依此方法制成 $1×10^3$、$1×10^4$、$1×10^5$……稀释度的菌悬液（每个稀释度应更换无菌移液管）。

### C.2 加样

选择适宜的 5 个连续稀释度，用无菌移液管分别吸取不同稀释度的菌悬液 1.0mL，加到已准备好的盛有 9.0mL 无菌培养基的螺口试管中，每一稀释度重复接 5 支试管（不同稀释度间更换无菌移液管），同时用无菌培养液作对照。

### C.3 培养

接种后立即拧紧塑料帽并摇匀，将接种好的试管放到适宜的条件下培养。

## C.4　计算

根据各稀释系列试管中有无待测微生物生长或其生理反应的正或负得出数量指标，并在相应的MPN统计表中查出近似值（见表C.1），即可计算出待测样品的有效活菌数，以亿个/mL或亿个/g表示。

计算方法：

1mL（g）样品中的有效活菌数＝菌数近似值×数量指标第一位数的稀释倍数

## C.5　计数规则

在稀释系列中必须最后一个稀释度所有重复间都没有微生物生长。确定数量指标系取稀释系列中所有重复都有生长（或是正反应）的最高稀释度为数量指标的第一位数字，总共取三个连续稀释管的结果查表。

**C.5.1**　在全部5支试管中均出现生长的稀释度中，把出现生长的稀释度倍数最高的那一级放入数列。例如：为5-5-3-0-0时，则取5-3-0数列；

**C.5.2**　在全部5支试管中均不出现生长的稀释度中，把稀释度倍数最低的那一级放入数列。例如：为5-3-0-0-0时，则取5-3-0数列；

**C.5.3**　如果应用上述两条规则，会出现采用如5-5-4-3-0这样的4个等级的稀释度的情况。此时，可先取前面的5-4-3数列，后取4-3-0数列，分别求出lgMPN，然后算出其真数的平均值。在此列中，数列5-4-3的lgMPN为1.447，数列4-3-0的lgMPN为0.431+1（后一数列与前一数列相应稀释了10倍，故要加1进行校正），（1.447+1.431）/2＝1.439，所以MPN＝27.5。

### 表C.1　MPN、lgMPN表

| 阳性试管数 | | | MPN（相当于第一稀释管1毫升） | LgMPN | 阳性试管数 | | | MPN（相当于第一稀释管1毫升） | LgMPN |
|---|---|---|---|---|---|---|---|---|---|
| 第一稀释管 | 第二稀释管 | 第三稀释管 | | | 第一稀释管 | 第二稀释管 | 第三稀释管 | | |
| 0 | 0 | 0 | 0 | — | 5 | 0 | 0 | 2.3 | 0.362 |
| 0 | 1 | 0 | 0.18 | 0.255－1 | 5 | 0 | 1 | 3.1 | 0.491 |
| 1 | 0 | 0 | 0.20 | 0.301－1 | 5 | 1 | 0 | 3.3 | 0.519 |
| 1 | 1 | 0 | 0.40 | 0.602－1 | 5 | 1 | 1 | 4.6 | 0.663 |
| 2 | 0 | 0 | 0.45 | 0.653－1 | 5 | 2 | 0 | 4.9 | 0.690 |

（续表）

| 阳性试管数 | | | MPN（相当于第一稀释管1毫升） | LgMPN | 阳性试管数 | | | MPN（相当于第一稀释管1毫升） | LgMPN |
|---|---|---|---|---|---|---|---|---|---|
| 第一稀释管 | 第二稀释管 | 第三稀释管 | | | 第一稀释管 | 第二稀释管 | 第三稀释管 | | |
| 2 | 0 | 1 | 0.68 | 0.833−1 | 5 | 2 | 1 | 7.0 | 0.845 |
| 2 | 1 | 0 | 0.68 | 0.833−1 | 5 | 2 | 2 | 9.5 | 0.978 |
| 2 | 2 | 0 | 0.93 | 0.968−1 | 5 | 3 | 0 | 7.9 | 0.898 |
| 3 | 0 | 0 | 0.78 | 0.892−1 | 5 | 3 | 1 | 11.0 | 1.041 |
| 3 | 0 | 1 | 1.1 | 0.041 | 5 | 3 | 2 | 14.0 | 1.146 |
| 3 | 1 | 0 | 1.1 | 0.041 | 5 | 4 | 0 | 13.0 | 1.114 |
| 3 | 2 | 0 | 1.4 | 0.146 | 5 | 4 | 1 | 17.0 | 1.230 |
| 4 | 0 | 0 | 1.3 | 0.114 | 5 | 4 | 2 | 22.0 | 1.342 |
| 4 | 0 | 1 | 1.7 | 0.230 | 5 | 4 | 3 | 28.0 | 1.447 |
| 4 | 1 | 0 | 1.7 | 0.230 | 5 | 5 | 0 | 24.0 | 1.380 |
| 4 | 1 | 1 | 2.1 | 0.322 | 5 | 5 | 1 | 35.0 | 1.544 |
| 4 | 2 | 0 | 2.2 | 0.342 | 5 | 5 | 2 | 54.0 | 1.732 |
| 4 | 2 | 1 | 2.6 | 0.415 | 5 | 5 | 3 | 92.0 | 1.964 |
| 4 | 3 | 0 | 2.7 | 0.431 | 5 | 5 | 4 | 160.0 | 2.204 |
| | | | | | 5 | 5 | 5 | >180.0 | >2.255 |

## 附录 D （略）

# 附录 九

## 有机水稻生产与研究专家
## 学者公开发表的相关专业论文选编

## "仟禾福"植物源叶面肥在早晚稻上
## 应用试验分析报告*

吴树业　卢明和　郑晓微

瑞安市粮油经济作物站

**摘　要:** 2017 年引进叶面肥仟禾福在瑞安市早晚稻上应用试验,以每季喷施 4~7 次为 4 个处理,以不喷为对照进行大小区对比试验。结果表明,早晚稻喷施仟禾福后,能促进秧苗生长速度,增加有效穗,提高水稻产量 2.73%~13.3%,尤以喷施 6 次增产最明显,晚稻增产效果好于早稻。

**关键词:** 仟禾福,水稻,试验

仟禾福是由前体叶绿素成分 Pre-C 与多种植物快速生长必需氨基酸、植物螯合态微量元素(铁、锰、锌、硼)以及植物天然促渗增效因子茶皂素复配而成的叶面肥,能显著提高叶绿素的含量,提高绿色植物生产潜能,增强作物抗逆性等作用。该产品得到了中国绿色食品发展中心的认证,安全可靠。为了验证仟禾福在早晚稻生产上的应用效果,为大面积推广提供科学依据。瑞安市粮油经济作物站于 2017 年在瑞安市早晚稻上进行多点喷施仟禾福试验。

---

\* 本文原刊登在瑞安市农学会《2017 年技术应用论文集》,2018 年 2 月,10-15 页

## 一、试验设计方案

1. 供试品种

叶面肥：仟禾福（杭州安邦农业生物科技有限公司提供）。

早稻品种：中早 39、甬籼 15。

连晚品种：甬优 17、甬优 1540。

2. 试验田基本情况

试验田田面平整，排灌方便，土壤肥力均等。

3. 试验设计

小区试验

试验设置喷施仟禾福 4 次、5 次、6 次、7 次，以喷施清水为对照，共 5 个试验处理。小区面积 0.02 亩，随机排列，3 次重复，每个小区周围设置保护行，用彩色水稻，插 3 行，以便区别和隔离，防止喷施时候有影响。

试验承担人：桐浦镇桐浦村张松木、马屿镇石垟村陈荣庄

大区试验

与小区试验一样设置喷施仟禾福 4 次、5 次、6 次、7 次，以喷施清水为对照，共 5 个试验处理。选择肥力基本一致的 5 块相邻田块作试验田，一块田一个处理，不设重复。大区面积，以自然田块为准，但一块田至少 1 亩。

试验承担人：塘下镇鲍五村刘光明

试验要求

小区和大区试验，每个处理都选择 10 株，从秧田开始定株，单株记载生育期，田间管理要求一致。

4. 喷施时间和方法

（1）秧苗期使用，在二叶一心期，喷施第一次，秧田面积亩用仟禾福 1 包，稀释 800 倍液，叶面喷施。

（2）分蘖期使用，在移栽活棵后，喷施第二次，大田面积亩用仟禾福 1 包，稀释 1 000 倍液，叶面喷施；以后，每间隔 10 天喷施 1 次，连喷 3 次。Ⅰ处理到此为止，总共喷施 4 次。

（3）抽穗期使用，在抽穗前，Ⅱ、Ⅲ、Ⅳ三个处理开始喷施第五次，亩用仟禾福 1 包，稀释 1 000 倍液，叶面喷施，Ⅱ处理到此为止，总共喷施 5 次。

（4）蜡熟期使用，在蜡熟开始前，Ⅲ、Ⅳ两个处理开始喷施第六次，

亩用仟禾福 1 包，稀释 1 000 倍液，叶面喷施，Ⅲ 处理到此为止，总共喷施 6 次。

（5）黄熟期使用，在黄熟开始前，Ⅳ 处理开始喷施第七次，亩用仟禾福 1 包，稀释 1 000 倍液，叶面喷施，Ⅳ 处理到此总共喷施 7 次。

## 二、试验结果与分析

从表 1 可以看出，喷施仟禾福后，两点平均秧苗株高增 4.7%、叶龄增 5.75%、茎基宽增 7.05%、白根数增 14.85%、地上部重量增 4.35%、地下部重量增 5.35%。与对照相比，都有一定幅度增加，说明喷施仟禾福后能促进秧苗生长。

表 1　瑞安市 2017 年仟禾福在早稻上试验秧苗素质记录

| 试验地点乡镇、村、户 | 处 理 | 品 种 | 株 高（厘米） | 叶 龄（叶） | 茎基宽（毫米） | 白根数（条） | 地上部重（克/30株） | 根重（克/30株） |
|---|---|---|---|---|---|---|---|---|
| 桐浦村张松木 | 喷施 | 中早39 | 24.5 | 4.99 | 2.95 | 12.6 | 5.3 | 5.2 |
| | 喷清水（对照） | 中早39 | 22.7 | 4.58 | 2.8 | 10.6 | 5.0 | 4.8 |
| | 增减（幅度） | | +1.8（+7.9%） | +0.41（+9%） | +0.15（+5.4%） | +2（+18.9%） | +0.3（+6%） | +0.4（+8.3%） |
| 石垟村陈荣庄（塑盘育秧） | 喷施 | 甬籼15 | 13.7 | 4.1 | 2.5 | 11.3 | 4.21 | 4.65 |
| | 喷清水（对照） | 甬籼15 | 13.5 | 4 | 2.3 | 10.2 | 4.1 | 4.54 |
| | 增减（幅度） | | +0.2（+1.5%） | +0.1（+2.5%） | +0.2（+8.7%） | +1.1（+10.8%） | +0.11（+2.7%） | +0.11（+2.4%） |

从表 2 可以看出，喷施仟禾福后对早稻生育期基本没影响。

表 2　瑞安市 2017 年仟禾福在早稻上试验生育期记录

| 农户 | 处理内容 | 播种期 | 移栽期 | 分蘖始期 | 拔节期 | 始穗期 | 齐穗期 | 成熟期 | 全生育期（天） |
|---|---|---|---|---|---|---|---|---|---|
| 张松木 | 喷4次 | 4月6日 | 5月3日 | 5月14日 | 5月25日 | 6月21日 | 6月24日 | 7月16日 | 101 |
| | 喷5次 | 4月6日 | 5月3日 | 5月14日 | 5月25日 | 6月21日 | 6月24日 | 7月16日 | 101 |
| | 喷6次 | 4月6日 | 5月3日 | 5月14日 | 5月25日 | 6月21日 | 6月24日 | 7月16日 | 101 |
| | 喷7次 | 4月6日 | 5月3日 | 5月14日 | 5月25日 | 6月21日 | 6月24日 | 7月16日 | 101 |
| | 喷清水（CK） | 4月6日 | 5月3日 | 5月14日 | 5月25日 | 6月20日 | 6月23日 | 7月15日 | 100 |

（续表）

| 处理 | | 播种期 | 移栽期 | 分蘖始期 | 拔节期 | 始穗期 | 齐穗期 | 成熟期 | 全生育期(天) |
| 农户 | 处理内容 | | | | | | | | |
|---|---|---|---|---|---|---|---|---|---|
| 陈荣庄 | 喷4次 | 3月24日 | 4月18日 | 4月23日 | 6月2日 | 6月10日 | 6月14日 | 7月12日 | 108 |
| | 喷5次 | 3月24日 | 4月18日 | 4月23日 | 6月2日 | 6月10日 | 6月14日 | 7月12日 | 108 |
| | 喷6次 | 3月24日 | 4月18日 | 4月23日 | 6月2日 | 6月10日 | 6月14日 | 7月12日 | 108 |
| | 喷7次 | 3月24日 | 4月18日 | 4月23日 | 6月2日 | 6月10日 | 6月14日 | 7月12日 | 108 |
| | 喷清水（CK） | 3月24日 | 4月18日 | 4月23日 | 6月2日 | 6月10日 | 6月14日 | 7月12日 | 108 |

从表3可分析出，喷施仟禾福后对晚稻生育期延迟1~2天。

**表3　瑞安市 2017 年仟禾福在连作晚稻上试验生育期记录**

| 处理 | | 播种期 | 移栽期 | 分蘖始期 | 拔节期 | 始穗期 | 齐穗期 | 成熟期 | 全生育期(天) |
| 农户 | 处理内容 | | | | | | | | |
|---|---|---|---|---|---|---|---|---|---|
| 张松木<br>（品种：<br>甬优17） | 喷4次 | 6月29日 | 7月23日 | 7月26日 | 8月28日 | 9月10日 | 9月15日 | 10月24日 | 118 |
| | 喷5次 | 6月29日 | 7月23日 | 7月26日 | 8月28日 | 9月10日 | 9月15日 | 10月24日 | 118 |
| | 喷6次 | 6月29日 | 7月23日 | 7月26日 | 8月29日 | 9月11日 | 9月16日 | 10月25日 | 119 |
| | 喷7次 | 6月29日 | 7月23日 | 7月26日 | 8月29日 | 9月11日 | 9月16日 | 10月25日 | 119 |
| | 喷清水（CK） | 6月29日 | 7月23日 | 7月26日 | 8月27日 | 9月10日 | 9月14日 | 10月23日 | 117 |
| 陈荣庄<br>（品种：<br>甬优17） | 喷4次 | 6月24日 | 7月26日 | 7月26日 | 9月5日 | 9月14日 | 9月18日 | 10月17日 | 116 |
| | 喷5次 | 6月24日 | 7月26日 | 7月26日 | 9月5日 | 9月14日 | 9月18日 | 10月17日 | 116 |
| | 喷6次 | 6月24日 | 7月26日 | 7月26日 | 9月5日 | 9月14日 | 9月18日 | 10月17日 | 116 |
| | 喷7次 | 6月24日 | 7月26日 | 7月26日 | 9月5日 | 9月14日 | 9月18日 | 10月17日 | 116 |
| | 喷清水（CK） | 6月24日 | 7月26日 | 7月26日 | 9月5日 | 9月14日 | 9月18日 | 10月17日 | 116 |

从表4可分析出，早稻三点平均喷4次比对照增产2.73%，喷5次比对照增产3.89%，喷6次比对照增产4.82%，喷7次比对照增产4.22%。3点平均产量第一为喷6次、第二为喷7次、第三为喷5次、第四为喷4次，从经济性状考查数据分析：增产的原因主要是有效穗增加，三点平均喷6次增加4.9%，喷7次增加4.4%，喷5次增加4.3%，喷4次增加2.5%。增产效果以喷6次最好。

表4　瑞安市2017年仟禾福在早稻上试验苗穗粒结构及产量记录

| 处理 | | 行株距（厘米） | 每亩丛数（丛） | 有效穗（穗） | 比对照增减 | 增幅 | 穗长（厘米） | 穗部性状 | | | | 亩产（千克） | | | |
| --- | --- | --- | --- | --- | --- | --- | --- | --- | --- | --- | --- | --- | --- | --- | --- |
| 农户 | 处理内容 | | | | | | | 每穗总粒 | 每穗实粒 | 结实率（%） | 千粒重（克） | 理论产量 | 实际产量 | 比对照增减 | 增幅 |
| 张松木（品种：中早39） | 喷4次 | 20×20 | 1.67 | 14.86 | +0.57 | +4% | 17 | 147 | 86 | 58.5 | 27 | 345 | 398.6 | +7 | +1.79% |
| | 喷5次 | 20×20 | 1.67 | 14.95 | +0.66 | +4.6% | 17.2 | 148 | 86.5 | 58.8 | 27 | 349.2 | 395 | +3.4 | +0.87% |
| | 喷6次 | 20×20 | 1.67 | 15.36 | +1.07 | +7.5% | 17.5 | 148 | 87 | 58.8 | 27 | 360.8 | 411 | +19.4 | +4.95% |
| | 喷7次 | 20×20 | 1.67 | 15.61 | +1.32 | +9.2% | 17.6 | 146 | 85 | 58.2 | 27 | 358.2 | 397.3 | +5.7 | +1.46% |
| | 喷清水（CK） | 20×20 | 1.67 | 14.29 | | | 17 | 147 | 86.5 | 58.8 | 26 | 321.4 | 391.6 | | |
| 陈荣庄（品种：甬籼15） | 喷4次 | 22×18 | 1.68 | 18.59 | +0.36 | +2% | 18.2 | 157 | 118 | 75.2 | 24.2 | 530.9 | 487.6 | +19 | +4.1% |
| | 喷5次 | 22×18 | 1.68 | 19.45 | +1.22 | +6.7% | 18.5 | 156 | 117 | 75.2 | 24.5 | 557.5 | 512 | +43.4 | +9.3% |
| | 喷6次 | 22×18 | 1.68 | 18.66 | +0.43 | +2.4% | 18.5 | 145 | 110 | 76 | 25.2 | 517.3 | 497.6 | +29 | +6.2% |
| | 喷7次 | 22×18 | 1.68 | 18.61 | +0.38 | +2.1% | 18.7 | 151 | 114 | 75.3 | 25.7 | 545.2 | 501.5 | +32.9 | +7% |
| | 喷清水（CK） | 22×18 | 1.68 | 18.23 | | | 17.8 | 153 | 113 | 73.7 | 24.1 | 496.5 | 468.6 | | |

（续表）

| 处理 | | 行株距（厘米） | 每亩丛数（丛） | 有效穗（穗） | 比对照增减 | 增幅 | 穗长（厘米） | 穗部性状 | | | | | 亩产（千克） | | |
| 农户 | 处理内容 | | | | | | | 每穗总粒 | 每穗实粒 | 结实率（%） | 千粒重（克） | 理论产量 | 实际产量 | 比对照增减 | 增幅 |
|---|---|---|---|---|---|---|---|---|---|---|---|---|---|---|---|
| 刘光明（品种：中早39） | 喷4次 | 25×14 | 1.9 | 20.65 | +0.28 | +1.4% | 16 | 134.4 | 107.3 | 80 | 25 | 553.9 | 532 | +12 | +2.3% |
| | 喷5次 | 25×14 | 1.9 | 20.68 | +0.31 | +1.5% | 16 | 133.7 | 107.5 | 80.4 | 25 | 555.8 | 528 | +8 | +1.5% |
| | 喷6次 | 25×14 | 1.9 | 20.75 | +0.38 | +1.9% | 16 | 132.5 | 107.6 | 81.2 | 25 | 558.2 | 537 | +17 | +3.3% |
| | 喷7次 | 25×14 | 1.9 | 20.74 | +0.37 | +1.8% | 16 | 134.6 | 110.1 | 81.8 | 25 | 570.9 | 542 | +22 | +4.2% |
| | 喷清水（CK） | 25×14 | 1.9 | 20.37 | | | 16 | 132.2 | 104.6 | 79.1 | 25 | 532.7 | 520 | | |

## 表 5　瑞安市 2017 年仟禾福在早稻上试验苗穗粒结构及产量记录

| 处　理 | | | | | | 穗长 | 穗部性状 | | | | 亩产（千克） | | | |
| 农户 | 处理内容 | 行株距（厘米） | 每亩丛数（万丛） | 有效穗（万穗） | 比对照增减 | 增幅 | （厘米） | 每穗总粒（粒） | 每穗实粒（粒） | 结实率（%） | 千粒重（克） | 理论产量 | 实际产量 | 比对照增减 | 增幅 |
|---|---|---|---|---|---|---|---|---|---|---|---|---|---|---|---|
| 张松木（品种：甬优17） | 喷4次 | 30×25 | 0.889 | 16.6 | +0.8 | +5.1% | 23 | 132 | 122 | 92.4 | 26.6 | 538.7 | 537.5 | +47.5 | +9.7% |
| | 喷5次 | 30×25 | 0.889 | 16.8 | +1.0 | +6.3% | 23.5 | 133 | 122 | 91.7 | 26.6 | 545.2 | 525 | +35 | +7.1% |
| | 喷6次 | 30×25 | 0.889 | 16.8 | +1.0 | +6.3% | 24 | 134 | 123 | 91.8 | 26.8 | 553.8 | 560 | +70 | +14.3% |
| | 喷7次 | 30×25 | 0.889 | 16.6 | +0.8 | +5.1% | 23.4 | 132 | 122 | 92.4 | 26.7 | 540.7 | 544 | +54 | +11% |
| | 喷清水（CK） | 30×25 | 30×25 | 0.889 | 15.8 | | 22.5 | 128 | 119 | 92.9 | 26.5 | 490.2 | 490 | | |
| 陈来庄（品种：甬优17） | 喷4次 | 25×23 | 1.16 | 13.91 | +1.16 | +9.1% | 26.2 | 217 | 162 | 74.7 | 25.7 | 579 | 513 | +26 | +5.3% |
| | 喷5次 | 25×23 | 1.16 | 13.91 | +1.16 | +9.1% | 27.4 | 229 | 165 | 72.1 | 25.7 | 589 | 521 | +34 | +7% |
| | 喷6次 | 25×23 | 1.16 | 15.06 | +2.31 | +18.1% | 26.1 | 215 | 157 | 73 | 26.1 | 618 | 563 | +76 | +15.6% |
| | 喷7次 | 25×23 | 1.16 | 13.91 | +1.16 | +9.1% | 27.5 | 224 | 168 | 75 | 26.2 | 612 | 561 | +74 | +15.2% |
| | 喷清水（CK） | 25×23 | 1.16 | 12.75 | | | 26.1 | 205 | 157 | 76.6 | 25.8 | 516 | 487 | | |

（续表）

| 处理 | | 行株距（厘米） | 每亩丛数（万丛） | 有效穗（万穗） | 比对照增减 | 增幅 | 穗长（厘米） | 穗部性状 | | | | 亩产（千克） | | |
|---|---|---|---|---|---|---|---|---|---|---|---|---|---|---|
| 农户 | 处理内容 | | | | | | | 每穗总粒（粒） | 每穗实粒（粒） | 结实率（%） | 千粒重（克） | 理论产量 | 实际产量 | 比对照增减 | 增幅 |
| 刘光明（品种：甬优1540） | 喷4次 | 30×14 | 1.59 | 19.92 | +0.06 | +0.3% | 19 | 134 | 122.6 | 91.5 | 25 | 610.5 | 510.8 | +4.8 | +0.9% |
| | 喷5次 | 30×14 | 1.59 | 19.92 | +0.06 | +0.3% | 19 | 141 | 129.2 | 91.6 | 25 | 643.4 | 532.5 | +26.5 | +5.2% |
| | 喷6次 | 30×14 | 1.59 | 19.93 | +0.07 | +0.4% | 19.2 | 147 | 131.4 | 89.4 | 25 | 654.7 | 556.5 | +50.5 | +10% |
| | 喷7次 | 30×14 | 1.59 | 19.95 | +0.09 | +0.5% | 19.5 | 143 | 132.4 | 92.6 | 25 | 660.6 | 561 | +55 | +10.9% |
| | 喷清水（CK） | 30×14 | 1.59 | 19.86 | | | 19 | 132.3 | 121.9 | 92.1 | 25 | 605.2 | 506 | | |

从表 5 可分析出，晚稻 3 点平均喷 4 次比对照增产 5.3%，喷 5 次比对照增产 6.43%，喷 6 次比对照增产 13.3%，喷 7 次比对照增产 12.37%。3 点平均产量第一为喷 6 次、第二为喷 7 次、第三为喷 5 次、第四为喷 4 次。从经济性状考查数据分析，增产的原因主要是有效穗增加，3 点平均喷 6 次增加 8.27%，喷 7 次增加 4.9%，喷 5 次增加 5.23%，喷 4 次增加 4.83%。

### 三、试验小结与讨论

（1）本试验表明，喷施仟禾福后能促进水稻茎叶生长，增加有效穗，从而提高水稻产量。

（2）一季水稻喷施 4~7 次，以喷施 6 次增产效果最好。

（3）在早晚稻上应用，晚稻增产效果好于早稻。

# 建立有机农业生产的精准技术体系[*]

席运官

环境保护部南京环境科学研究所

有机农业经过近百年的发展，2014年国际有机农业运动联合会宣布有机农业进入3.0时代，它致力于把有机从非主流推向主流化，并将有机农业定位为我们应对地球和物种所面临的巨大挑战的解决方案之一，在技术上要求在本地化和区域化程度上，持续改进并做到最优的实践。可见国际上对有机农业给予的厚望和倾注的决心与信心。我国也迎来了绿色发展和生态文明建设的大好时代，有机农业的发展同样备受重视。但在走向主流化的过程中，有机生产技术问题仍然是需要突破的一大瓶颈，尽管我国经过二十多年的实践，已经建立起有机农业生产的基本技术，但支撑有机农业发展的降本、增效、提质、环保的精准技术体系尚没建立，持续改进并做到最优的实践仍需努力。何谓有机农业的精准技术？笔者将之定义为：根据不同的产地环境，不同的作物品种与产量、品质目标，采取的因地制宜的定性与定量相结合的有机农业生产精确技术，涵盖种子选择与处理、播种、施肥、灌溉、病虫草害防治、收获、贮藏等环节以及整个生产系统单元的配置，以确保有机生产的优质、高效，实现有机农业健康、环保、可持续的发展目标。

以下从几个核心的环节加以论述。

## 一、有机种子的选育与应用

从国际有机农业运动联盟（IFOAM）基本标准，到欧盟、美国有机农业条例等都规定有机栽培要使用有机生产的种子和繁殖材料，我国有机产品标准（GB/T 19630—2011）也规定，应选择有机种子或植物繁殖材料，在得不到有机种子的条件下才能使用未经过禁用物质处理的常规种子，同时也要求选择适应当地的土壤和气候条件、抗病虫害的植物种类及品种。有机种子的概念广义是指从作物母本栽培开始至种子采收及处理的

---

* 本文原发表于《生态与农村环境学报》微信公众号，2017-09-28

全过程均符合有机标准要求的种子。此外还要能满足有机种植原理和耕作条件的要求，如对病虫害具有抗性、根系发达、适应有机种植养分投入少、有机肥缓慢释放养分的特性、同杂草具有较强的竞争力或适应能力、产品营养丰富、风味浓郁等。这是对有机生产者选择种子的一种原则性指引，可我国市场上目前很少有有机种子供应，甚至非包衣种子都很少。因此，迫切需要建立起符合有机标准要求和有机种植技术特点的种子供应、交换、繁育的信息平台与技术体系，满足生产者的需要。IFOAM 和国际种子联盟（ISP）联合组织，曾于 2004 年在意大利罗马组织召开了有机种子第一次世界研讨会，首次肯定了有机种子对国际有机食品市场的重要性；2014 年 ISP、美国俄勒冈州立大学、华盛顿州立大学等机构在美国俄勒冈州科瓦利斯举办了第七届有机种子种植会议。荷兰必久（Bejo）蔬菜种子有限公司，在有机种子的研究与开发上走在世界前列，已育成以胡萝卜、洋葱、甘蓝为主的多种适宜露地有机栽培的蔬菜品种，并制定了有机种子的育种与生产程序，在荷兰、法国、意大利、美国等地兴建了从事有机种子生产的相关设施，组织专业的有机种子生产者从事有机种子生产，同时还开发微生物种子包衣和物理方法对种子进行大批量处理的相关设备，生产的有机种子符合欧盟要求，为该公司赢得了广泛的市场。此外，国外有机种子的民间机构很多，也非常活跃，如德国的生物动力蔬菜繁育协会 Kultursaat，通过建立起农民、种子繁育机构和协会的合作网络体系，繁育味道更好、营养质量更高的有机蔬菜品种，印度的 Sanghas 社区种子保护组织，由妇女发起，保留地方品种，建立种子库，以保护生物多样性和实现食品安全。

我国还处于有机种子的探索阶段，目前没有有机种子的生产标准，国内有机生产企业大多使用常规种子或依赖进口有机种子，但也有少数企业已开始有机种子的培育与自己留种。为使我国有机生产企业能够便捷地购买和使用有机种子，亟需建立有机种子生产与供应的专业机构，制定有机种子生产与处理技术规范，同时鼓励与支持保存传统品种的民间机构，如贵州黎平的杨正熙就志愿收集与保存乡村的传统品种，并成立有牛农业专业合作社，开发有机黑紫米。

## 二、精准的土壤培肥技术

### （一）有机农业土壤培肥的原理与基本要求

有机农业理论认为土壤是一个活的生命系统，施肥首先是培育土壤，再通过土壤生物的作用供给作物养分，而不像现代农业那样施用化学肥料直接为作物提供营养。因此，有机农业禁止使用化学合成的肥料，通过循环使用有机生产体系的养分，尽量提高土壤养分的利用率，减少土壤养分的流失，合理的作物轮作，种植豆科绿肥，辅助使用系统外的有机肥、矿物性肥料等培肥土壤。

按国家有机产品标准要求，有机栽培的土肥管理应通过适当的耕作与栽培措施维持和提高土壤肥力，包括回收、再生和补充土壤有机质和养分来补充因植物收获而从土壤带走的有机质和土壤养分；采用种植豆科植物、免耕或土地休闲等措施进行土壤肥力的恢复。当此措施无法满足植物生长需求时，可施用有机肥以维持和提高土壤的肥力、营养平衡和土壤生物活性，同时应避免过度施用有机肥，造成环境污染，并破坏土壤健康，引起土壤盐渍化，尤其是温室大棚中的土壤。应优先使用本单元或其他有机生产单元的有机肥，如外购肥料，应经认证机许可后使用。

## （二）建立精准的有机农业土壤培肥技术

我国人多地少，对土地的复种指数和产出要求较高，以至实际有机生产中多数基地以有机肥作为主要的培肥手段。然而有机肥种类繁多且各具特点，我国自古就有"用粪犹用药""用药得理"的古训，这就意味科学合理地施用有机肥必须根据有机肥的特性、作物的生长需要和生长规律及土壤的性质进行。

### 1. 有机肥与作物产量与品质的关系

有机生产的作物产量通常低于常规生产 20% 左右，但美国罗代尔研究所 30 年的轮作试验表明，有机生产的产量可与常规生产抗衡，而且在干旱年份，有机生产的产量高于常规。杨合法、李季等研究表明，有机生产模式施肥可以使保护地作物产量达到或超过无公害生产模式和常规模式的产量水平，尽管刚开始转换时有机生产的产量会有所下降；有机生产模式施肥对番茄的增产效果优于常规模式、无公害生产模式施肥，但对黄瓜的增产效果高于常规模式施肥但不及无公害生产模式施肥，这可能与番茄和黄瓜的植物学特性有关。我们也发现，在与常规生产等氮投入条件下，水稻的产量有机不及常规，但小麦的产量，有机高于常规。因此针对不同作物，研究施用有机肥的种类、数量和配比同作物产量的关系，从而建立基于高产稳产的有机作物种植精准施肥技术非常有意义。

2014 年，英国纽卡斯尔大学以 2006 年以后发表的 343 篇以作物为主的论文数据为基础，对有机食品质量全面系统统计与分析后发现，有机作物及其衍生产品（例如有机面包、婴儿食品、果汁和酒类）比常规食品含有更多的抗氧化剂、（聚）酚类化合物，较少的镉、氮及农药残留物。我们课题组比较研究了有机与常规稻麦的品质，发现有机稻麦的蛋白质含量低于常规，但总黄酮含量高于常规 60% 左右。施用有机肥的作物通常含有更高的维生素 C 含量和较低的蛋白质含量，其原因是与有机肥相比，化肥中氮的释放较快，作物吸收过多的氮时，根据 C/N 平衡理论，会激发作物合成更多含氮量高的蛋白质，因此其蛋白质含量高，但蛋白质质量相应下降，同时蛋白质合成过程中会消耗更多的碳水化合物，从而减少维生素 C 的含量。农产品中氮含量较低会减少碳水化合物的消耗，即有利于农产品中总糖含量提高，改善农产品口味，部分研究发现与无机肥相比，有机肥的施用可以提高农产品特别是瓜果类总糖或可溶性糖含量，降低酸糖比值，例如，刘永等（2010）研究表明有机肥种植的白菜中可溶性糖含量高于化肥种植的 29.7%。罗华等（2012）研究表明有机肥的施用可以提高肥城桃果香型脂类化合物高达 55.73%，甜香型内酯类化合物 2.13%，果实香气有由清香型向果香型与甜香型转换的趋势。

有机肥的施肥用量与作物品质存在一定的相关性，当施肥剂量增大时，维生素 C 的含量会不同程度地趋于减少，例如，研究表明，当氮肥施肥量由 45 千克/公顷增加至 225 千克/公顷时，土豆中维生素 C 的含量可减少 14.5%；当氮肥施用量从 80 千克/公顷增加至 120 千克/公顷时，青花菜中维生素 C 含量减少 7%。而对于次生代谢产物的影响，研究发现增加施肥量同样会降低酚类次生代谢产物生成量。不同有机肥处理，农产品品质也表现出不同程度的差异，马志宏、刘秀珍（2008）研究发现基于相同的氮施用量，不同有机肥（鸡粪、羊粪、猪粪）处理的乌塌菜中维生素 C 含量差异显著，与不施肥处理相比，鸡粪处理效果最好，维生素 C 含量增加了 16.13%~51.19%；王建湘等同样发现以油枯、鸡粪、猪粪、牛粪 4 种有机肥处理的小白菜，以鸡粪处理效果最为显著，以不施肥处理作为对照，维生素 C 含量增加 13.2%，可溶性糖增加 26.1%。可见，有机肥的种类与数量都与产品的品质有密切关系，要通过研究比较和在实践中总结针对水稻、茶叶、水果、蔬菜等不同作物的最佳施肥方式，以获得优质的有机产品。

### 2. 施用有机肥存在的风险

我国由于集约化养殖水平越来越高，制作商品有机肥的鸡、猪粪等材料重金属、兽药残留的风险较大，使用不当或投入量过大，则存在潜在的土壤重金属积累和药害的风险。陈旭艳、李季等（2012）研究表明，来自 10 个地区不同生产原料的 118 个商品有机肥样品的重金属含量分析表明，以猪粪为主要生产原料的商品有机肥中重金属平均值最高；有机肥中 Cr、As、Cd、Pb 超过中国商品有机肥重金属限量标准。为避免有机生产由于有机肥的投入带来的污染风险，欧盟有机生产条例中规定，有机肥只能来自有机农场或散养的动物养殖基地，而且有机肥的投入氮量不能超过 170 千克/公顷。而我国有机产品标准中允许在培育土壤过程中采用足量有机肥并避免重金属元素污染，但未明确规定年最高施用量和重金属含量限值。

有机肥的过量使用，同样会带来面源风险。田伟等研究表明，等氮条件下化学肥料与有机肥连续大量施用下化学肥料易引起土壤酸化和硝酸盐的大量累积，而有机肥则导致土壤中磷和重金属（Zn、Cu、Cd 和 Ni）含量显著增加；陈秋会、席运官等研究表明，在等氮投入条件下，与常规种植相比，有机种植模式能够有效减少稻麦轮作农田中氮的径流流失，但有机肥投入携带的高磷量会增加农田磷素径流流失量。张兰河、王旭明等研究表明，有机肥的大量施用，会带来土壤抗生素抗性基因的污染。

因此，为防止有机生产中有机肥的使用带来的风险同时确保有机种植的产量水平，非常有必要根据我国有机生产状况、不同的作物品种和土壤环境条件，研究制定有机生产中有机肥的投入限值和技术规范，研究精准的有机肥施用技术。

## 三、精准的有机生产病虫草害管理技术

### （一）有机生产病虫草害管理的基本原理与要求

有机产品标准规定生产中防治病、虫、草对作物产生损害，需首选通过自然天敌、合理选择作物品种、轮作和耕作技术，以及通过控制温湿度条件等，创造不利于病虫草害孳生和有利于各类天敌繁衍的环境条件，保持农业生态系统的平衡和生物多样化，减少各类病虫草害所造成的损失，还应尽量利用灯光、色彩诱杀害虫，机械捕捉害虫，机械和人工除草等措施，防治病虫草害。在上述措施不能有效控制的前提下，可以采用标准中所列出的植物、微生物和矿物源的物质进行控制。

### （二）精准的病虫草害管理技术

作物种植病虫害种类繁多，尽管我国已有系列的生物（捕食螨、赤眼蜂等天敌，Bt、核多角体病毒、微生物菌剂等生物制剂，除虫菊素、苦参碱、鱼藤酮等植物源农药）、物理病虫害防治（频振式杀虫灯、黄板、防虫网等）技术和物质手段，但总体上表现为防治效果不理想、价格高、生产者使用技术掌握不到位等现状，生产单位需求不同作物类别的病虫害防治集成技术。其实，有机生产首先是要通过农艺措施进行健康栽培，生物、物理的防治措施是有效的补充，如何做到健康栽培，需要开展系列的定性与定量的研究，生物、物理的防治措施也需要研究施用的时间、数量和类别。

随着我国劳动力价格的不断攀升，有机生产的杂草防治技术和防治机械也是需要突破的技术环节，需要研究通过轮作、覆盖作物、养草灭草、免耕等精准杂草防治技术和适应不同生产规模和种植方式的除草机械。

## 四、有机产品储藏、保鲜技术方面

### （一）有机产品包装、储藏基本要求

按照有机产品标准要求，有机产品的包装提倡使用由木、竹、植物茎叶和纸制成的包装材料，可使用符合卫生要求的其他包装材料；所有用于包装的材料应是食品级包装材料，包装应简单、实用，避免过度包装，并应考虑包装材料的生物降解和回收利用；可使用二氧化碳和氮作为包装填充剂；不应使用含有合成杀菌剂、防腐剂和熏蒸剂的包装材料；不应使用接触过禁用物质的包装袋或容器盛装有机产品。有机产品的储藏要求：有机产品在储藏过程中不得受到其他物质的污染；储藏产品的仓库应干净、无虫害，无有害物质残留；除常温储藏外，可以采用以下储藏方法：①储藏室空气调控；②温度控制；③干燥；④湿度调节；有机产品应单独存放。如果不得不与常规产品共同存放，应在仓库内划出特定区域，并采取必要的措施确保有机产品不与其他产品混放。

### （二）精准的有机产品储藏、保鲜技术

从以上有机产品标准的要求可以看出，对有机产品的包装，储藏只是提出原则性的要求和技术措施，而在实际的操作过程中，遇到的难题很多。

很多有机产品如粮食类、豆类、中药材等产生质量问题多集中在后期储藏或保鲜过程中，而我国系统的有机产品贮藏保鲜技术几乎处于空白状

态。如粮食储藏过程中，甲虫、蛾类和啮虫科昆虫等害虫的危害是影响储粮安全的最主要的因素，通常采用的低温、气调、加热、惰性气体真空包装等措施成本高且难以完全控制害虫的发生与产品的变质，尤其是高温高湿季节；因这些害虫往往是先在粮食、豆类等产品上产卵，到温湿度合适的季节再孵化，因此从害虫的侵入环节入手，预防害虫的产卵，将是提高防治效果的有效手段。研究开发植物精油等无毒熏蒸技术也是有机储藏技术的一个重要方向。植物精油是从植物中提取出的具有特征性香气的一类重要次生物质，其分子量小，易挥发，具有消毒、杀菌、防腐、防臭等功效，广泛应用于化工、医药、食品等领域，在害虫防治方面，很多研究发现其对害虫具有熏蒸、触杀、驱避、生长发育抑制等多种活性，而且害虫不易产生抗药性。其具有的低毒、低残留、与环境相容的特性，满足人们的环保意识和对食品质量的要求，开发作为储粮熏蒸剂，具有极为广阔的发展前景。利用天然硅藻土防治储粮害虫也已有 30 多个国家得到应用。

总之，有机农业由于禁止使用合成的农用化学品，而提倡以生态学为基础，采取自然的、安全环保的技术进行生产，因此需要重塑农业生产的技术体系。要建立适应有机农业理念和标准要求的精准技术体系，涉及面广，需要做的研究工作还非常多。

# 有机稻米生产技术应用研究[*]

朱凤姑[1]　金连登[2]　许立[2]　丰庆生[3]　王伟平[3]

1. 浙江省婺城区农业技术推广站；2. 中国水稻研究所；

3. 婺城区汤溪镇农技站

**摘　要**：2000—2002 年在浙江省金华市婺城区从应用研究有机稻米生产技术方法为切入点，探索有机农作物生产技术。有机农作物生产立足于系统内物质（肥料、种子等）循环，以建立健康肥沃土壤为中心，选用优质丰产抗病品种，全面实施稻鸭共育技术和标准化健身栽培技术，运用农艺的、生物的、人工的、物理的方法和保护利用自然天敌资源，综合治理病虫草害；建成有机稻米生产技术模式；良化农田生态；实验基地通过国家级认证，分别确认为有机农场、有机转换期农场；取得了较好的社会经济效益，农民增收 76.43 万元。

**关键词**：水稻，有机农业，土壤，有机生产技术方法，稻鸭共育技术，有机农场

1972 年 11 月 5 日英国、瑞典、南非、美国和法国 5 个国家在法国成立了有机农业运动国际联盟（International Federation of Organic Agriculture Movements，IFOAM），在 IFOAM 的推动下，有机农业和有机食品的生产和加工得到迅速发展。2000 年全球有机农业种植面积达到 680 万公顷。我国有机食品开发较晚，但近几年发展较快，1998 年后，有机食品年出口增长率都在 30% 以上。本研究以有机稻米生产技术应用和研究为切入点，创建有机农场，探索有机农产品生产技术和方法。

## 一、材料与方法

### （一）供试基地及其环境质量

实验基地设置在西门畈汤溪镇上徐村。基地的灌溉水、土壤、大气等环境要素，经环保局监测全部达到 GB 5084—1992（灌溉水）二级标准、GB 15618—1995（农田土壤）二级标准、GB 3059—1996（环境空气）二

---

\* 本文原发表于《浙江农业科学》，2003 年增刊，45-49 页

级标准；以基地为中心，方圆5平方千米内无"三废"污染物和厂矿企业，具备有机生产的环境条件。

### （二）建立有机栽培技术方法应用实验区

实验区2000年为8.47公顷，从2001年起另增加59.7公顷。均按有机生产技术规程进行生产操作；有机生产区位居中心部位，南北两端和西部地段为有机转换期生产区；其外，分别以机耕路、渠道、山丘间隔，隔离带宽7米以上；隔离带外侧设置缓冲地带，种植物以水稻为主，实行无公害生产。有机生产技术以国家农业行业标准有关文本为依据，参考国外有机食品生产技术指标，结合本地生产资源条件和经验而成。

### （三）调查和试验

调查：在实验区和常规稻区（常规施用化肥、农药区，下同）各确定有代表性的稻田3~5块，定期调查主要害虫和天敌消长；考查病虫害为害程度；检测肥力的变化等。

试验：对种子处理、稻鸭共育的技术效果、有机叶面肥、生物杀虫剂等分别进行生产性试验。凡有农药、化肥参与对照的试验，试验场地设置在缓冲带以外。

## 二、结果分析

### （一）实验基地通过国家级认证

2002年8月国家环保总局有机食品发展中心（OFDC）按程序对基地的环境质量、有机生产技术方法、农田操作过程、物质投入、生产器械管理、产品收购运输、质量管理体制等118项指标全面进行了考核评估，同时，抽检了产品（有机稻谷）质量。认证确认并颁发了"有机农场证书"和"有机转换期农场证书"，确认基地中的8.47公顷为有机农场，59.67公顷为有机转换期农场。

### （二）有机稻米生产效果

1. 土壤肥力效应

采取稻肥轮作、扩种绿肥（紫云英），各季稻本田稻草还田，使用菜籽饼肥和人畜粪尿；全面实施稻鸭共育技术，以鸭粪肥田；补施有机叶面肥和有机菌肥。到达实验区的71%面积即48.5公顷种植绿肥，每亩返回绿肥鲜草1 000千克；连作晚稻基肥或秋冬季改良土壤用肥，返回本田鲜稻草700~800千克/亩，施用腐熟饼肥50~80千克/亩，人畜粪尿1 000千克/亩。按各种肥源的营养含量计算，实际使用的养分量见表1。

表1　2001—2002年有机稻田肥料年使用量　（单位：千克/亩）

| 稻作类型 | 氮（N） | 磷（P） | 钾（K） |
|---|---|---|---|
| 连作早稻 | 10.5 | 6.5 | 11.2 |
| 连作晚稻 | 13.7 | 7.8 | 11.7 |
| 单季晚稻 | 15.6 | 9.9 | 14.4 |

采用上述肥源和相应的使用技术，对改善土壤理化性状、土壤肥力和健康状况起到了较好作用。据取样检测，有机农场的土壤有机质、全氮量（N）、有效磷（$P_2O_5$）、有效钾（$K_2O$）均有提高（表2）。

表2　土壤肥力指标的变化

| 取样时间 | 有机质（%） | 全氮量（%） | 有效磷（%） | 有效钾（%） | pH 值 |
|---|---|---|---|---|---|
| 2000 年 4 月 | 4.11 | 2.46 | 4.94 | 7.97 | 5.4~6.6 |
| 2002 年 10 月 | 5.12 | 2.89 | 5.72 | 8.38 | 6.2~6.8 |

2. 有机液肥和有机菌肥应用效果

卢博士有机液肥是经 OFDC 认证的有机液肥料，据试验，秧苗期（2002 年 4 月 29 日）、孕穗期（6 月 5 日）、齐穗期（6 月 22 日）使用300 倍 2 号液各喷施 1 次，其处理区表现秧苗健壮，比 CK（喷清水）分蘖增加 0.3 个、白根数增加 2 根、百株干重提高 1.58 克（表3），同时分蘖旺盛、株高穗长、穗大粒多，处理区比 CK 有效穗增加 2.9 万/亩，每穗总粒数增加 5.01 粒，结实率提高 2.58 个百分点，千粒重增加 0.51 克，增产 6.36%。

表3　卢博士有机液肥对秧苗素质、分蘖情况及经济性状的影响

| 处理 | 单株分蘖数 | 单株白根数 | 百株干重（克） | 基本苗（万） | 最高苗（万） | 有效穗（万） | 株高（厘米） | 穗长（厘米） | 每穗总粒数 | 结实率（%） | 千粒重（克） | 产量（千克） |
|---|---|---|---|---|---|---|---|---|---|---|---|---|
| A | 0.7 | 11.9 | 18.25 | 16.43 | 35.58 | 27.73 | 79.21 | 18.85 | 113.43 | 84.02 | 25.85 | 439.8 |
| B | 0.4 | 9.9 | 16.67 | 15.26 | 32.60 | 24.83 | 76.31 | 18.50 | 108.42 | 81.44 | 25.34 | 413.5 |

注：①A 为液肥处理区，B 为对照区（CK）；②直播早稻，面积各 336 平方米，重复 1 次，品种金早 47，4 月 4 日播种，4 月 29 日处理，5 月 14 日考查；③单位面积以亩计，下表同

据测定，该实验基地无效磷含量较高，因此使用土壤磷活化剂 PG 微生物肥料增加有效磷，表现较明显的促进水稻生长、增蘗、增穗、增粒、增重的作用（表 4）。

表 4　PG 微生物肥料试验结果

| 处　理 | 株高（厘米） | 有效穗（万） | 每穗总粒数 | 结实率（%） | 千粒重（克） | 产量（千克） |
|---|---|---|---|---|---|---|
| 喷施+拌种 | 77.2 | 33.85 | 78.50 | 81.7 | 27.8 | 603.2 |
| 拌种 | 76.8 | 33.33 | 71.03 | 88.4 | 27.5 | 575.6 |
| CK | 69.3 | 32.80 | 70.90 | 81.8 | 27.2 | 517.5 |

注：①"拌种"指每亩播种量拌"PG"20 克，于 2000 年 4 月 8 日拌后播种；②"喷施+拌种"即在"拌种"基础上每亩用"PG"35 克对水 50 千克，于 5 月 1 日"苗期"喷施；③品种：嘉育 948

3. 实施稻鸭共育技术的效果

稻鸭共育技术在 2000 年"百亩田、千只鸭"的试验示范基础上，2001 年和 2002 年扩大到 88 公顷，即全部连作早、晚稻和单季稻放养鸭子。分别在水稻移栽后 10~15 天，每亩投放 0.5 千克的雏鸭 12 只，稻鸭共育期早稻为 40 天，连作晚稻 44 天，单季晚稻 64 天。

（1）鸭粪的实际肥效测定：1 只鸭子在稻田共生活 40~50 天，排出鸭粪 10 千克，每亩放养 12 只，等于施入鸭粪 120 千克，含纯 N 564 克、$P_2O_5$ 840 克、$K_2O$ 372 克。据鸭粪肥效试验结果，养鸭田比施用化肥的对照田，表现最高苗偏低、成穗率提高、穗大粒多、产量持平（表 5）。

表 5　PG 微生物肥料试验结果

| 处　理 | 有效穗（万） | 成穗率（%） | 每　穗 | | 产量（千克） |
|---|---|---|---|---|---|
| | | | 总粒数 | 结实率（%） | |
| A | 15.57 | 87.87 | 83.22 | 84.4 | 263.3 |
| B | 17.11 | 87.11 | 78.62 | 83.0 | 265.8 |

注：①试验品种：早稻红米；②处理：A 为每亩稻田放鸭 12 只，共生期 45 天；B 为每亩施用碳酸氢铵 40 千克、过磷酸钙 20 千克、尿素 22.5 千克

（2）水稻生长效果：鸭子在稻田不停地走动游泳，起到了中耕松土搅浑田水的作用，提高田水中的含氧量，促进根系生长，促进早期分蘖，鸭子在稻丛间本能地穿梭觅食，嘴、脚、身体频繁接触稻株，对水稻产生

刺激作用。表现植株开张，形成扇型株型，群体长期健壮整齐，增加抗倒、抗逆力，病害减轻。这一作用最终表现在：单位基本苗所产生的有效分蘖个数增多，如表5所示，养鸭处理单株产生有效穗为3.99个，施用化肥处理则为2.97个；每穗总粒数和实粒数提高。

（3）除虫防病效果：鸭子在稻田昼夜觅食，非常喜欢捕食昆虫和水生小动物。调查表明：对稻飞虱的防效十分显著，对二化螟，稻纵卷叶螟、稻螟蛉也有一定的控制作用，养鸭田早稻分蘖末期、孕穗期和抽穗期稻飞虱虫量在1.4头/丛、0.83头/丛和4头/丛以下，晚稻的上述生长期中的虫量分别在0.5头/丛、0.17头/丛和3.9头/丛。全生育期中稻飞虱虫量均控制在药剂防治指标以下。2002年各次调查平均值养鸭田比常规稻田虫量低90%，同期虫量减少80%以上，鸭子回收后，虫量有所回升。其虫量消长曲线是低量平行微波型，而常规稻"虫峰"突出，靠施药"压峰"，消长曲线升跌幅度大（图）。

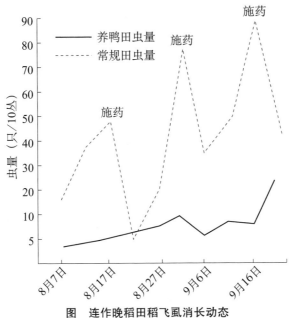

图 连作晚稻田稻飞虱消长动态

（4）除草效果：鸭子的不断觅食和活动踩踏，起到了很好的除草功能。据2002年调查，养鸭田的防除效果略高于化学除草田（表6），究其原因，化学除草田中的恶性除草多于养鸭田。可见，稻鸭共育不仅可以替代除草剂除草，且对除草剂防效差的恶性杂草也有很好的防除效果。

**表6 养鸭田除草效果调查结果**

| 稻作类型 | 处　理 | 杂草数量<br>（株/平方米） | 株防效<br>（%） |
|---|---|---|---|
| 早　稻 | 养鸭田 | 12 | 93.1 |
| | 28 | 84.0 | 化学除草田 |
| | CK | 175 | — |
| 连作晚稻 | 养鸭田 | 9 | 88.0 |
| | 18 | 76.0 | 化学除草田 |
| | CK | 75 | — |
| 单季晚稻 | 养鸭田 | 15 | 91.9 |
| | 42 | 77.3 | 化学除草田 |
| | CK | 185 | — |

注：各处理均于养鸭田放鸭后20天同步调查；牛毛毡不计入防效；CK为未除草的对照

4. 病虫草综合治理工程化技术的发展

（1）选用高产抗病品种：实验区种植的金早47、嘉育948、浙鉴21、丰优香占等品种（组合），不仅米质优，且抗病性能好，在有机栽培条件下，极少发生稻瘟病、细菌性条纹病、白叶枯病。株型紧凑挺立，有利田间通风透气，纹枯病的发生也较轻。

（2）建立农艺的、人工的促控系统：基地使用的种子全部进行筛选、风选、精选种子，去杂去稗（籽）；采用1%石灰水浸种处理，杜绝种子带菌；秧田播前半个月，翻耕并淹水封杀，灭除老草，播前再次翻耕，灭除萌草杂草；控制秧田播种量，培育带蘖壮秧；采用宽行窄株，保持行间通风透光；实行水浆管理标准化，控制无效分蘖，增强水稻抗逆力，减轻病虫发生程度。

（3）稻鸭共育、生物治理病虫草害。

（4）生物农药和无机矿物质的应用：做好害虫发生和天敌消长的调查，对大发生的代别，使用生物农药进行应急防治。掌握在卵孵高峰期施药，使用药剂为认证许可的Bt，据试验结果，每亩用50%苏特灵（Bt）50~70克，间隔3~4天，施药第2次，对二化螟的防效达到87.7%，对稻纵卷叶螟的防效为90.5%。预防种传病害，采用石灰水浸种，替代药剂处理。据2000年试验，供试品种早稻中组1号采用1%石灰水浸种36小时，于秧苗3~4叶（4月28日）调查，各处理调查500株，恶苗病发病率石灰水浸种处理为 1.4%；10%浸种灵 5 000 倍浸种处理 0.7%。对照（未处理）为 23.6%。

（5）保护和利用自然天敌资源，良化稻田生态系统：据天敌资源调查记载，寄生性的有 20 科 178 种，捕食性天敌 21 科 124 种。实施有机栽培技术方法，不使用农药、化肥，保护周边植被，创造了自然天敌繁生环境，优势种群密度显著高于常规稻田。

蜘蛛是稻田主要捕食天敌类群，在养鸭情况下，狼蛛、圆株、蜻蟓虫等大型蜘蛛有所减少，但优势种群草间小黑蛛、球腹株等微蛛类蜘蛛密度仍然高于常规稻田（表 7），总蛛量比常规稻田高 1.37～3.1 倍，蛛虫（稻飞虱）比控制在 1∶0.96 以下，而常规稻田的蛛虫比高达 1∶（1.91～28.2）。蛛∶虫在 1∶4 以下，可依靠天敌控制稻虱为害。

能控制当代害虫发生量的寄生性天敌主要是软寄生蜂和幼虫寄生蜂。褐腰赤眼蜂是寄生稻飞虱卵的优势种群，其生活力强、种类庞大。据系统协调查结果（表 8），有机稻田卵粒被寄生率早稻为 49.1%～53.2%，晚稻为 60%～89%。比常规稻田要高。

表 7  蜘蛛稻飞虱密度调查结果

| 稻作类型 | 年 份 | 类 型 | 日 期 | 数量（头/50 丛） | |
|---|---|---|---|---|---|
| | | | | 蜘 蛛 | 稻飞虱 |
| 早 稻 | 2000 | 有机稻区 | 7 月 14 日 | 106 | 102 |
| | | 常规稻田 | | 45 | 53 |
| | 2001 | 有机稻区 | 7 月 9 日 | 105 | 145 |
| | | 常规稻田 | | 86 | 155 |
| | 2002 | 有机稻区 | 7 月 8 日 | 116 | 110 |
| | | 常规稻田 | | 38 | 81 |
| 晚 稻 | 2000 | 有机稻区 | 8 月 28 日 | 452 | 1 673 |
| | | 常规稻田 | | 110 | 3 014 |
| | 2001 | 有机稻区 | 9 月 3 日 | 370 | 220 |
| | | 常规稻田 | | 150 | 1 080 |
| | 2002 | 有机稻区 | 8 月 26 日 | 328 | 306 |
| | | 常规稻田 | | 224 | 3511 |

表 8　稻虱卵被寄生率调查结果

| 稻作类型 | 年　份 | 类　型 | 日　期 | 寄生率（%） | |
|---|---|---|---|---|---|
| | | | | 卵　块 | 卵　粒 |
| 早　稻 | 2000 | 有机稻区 | 6月17—19日 | 61.8 | 51.0 |
| | | 常规稻田 | | 36.7 | 18.5 |
| | 2001 | 有机稻区 | 7月1日 | 67.7 | 53.2 |
| | | 常规稻田 | | 31.7 | 19.1 |
| | 2002 | 有机稻区 | 6月18—20日 | 62.0 | 49.1 |
| | | 常规稻田 | | 28.0 | 15.5 |
| 晚　稻 | 2000 | 有机稻区 | 9月20—25日 | 79.7 | 60.0 |
| | | 常规稻田 | | 40.4 | 24.4 |
| | 2002 | 有机稻区 | 9月3—5日 | 83.8 | 89.0 |
| | | 常规稻田 | | 45.1 | 29.0 |

　　稻纵卷叶螟是常发性、多发性的害虫，但其寄生天敌的作用大。除寄生卵的寄生蜂褐腰赤眼蜂外，寄生幼虫的稻纵卷叶螟绒茧蜂和赤带扁股小蜂，被寄生的寄主致死于3龄前后，故能控制进入暴食期的虫量。据调查，有机稻区幼虫被寄生率早稻田为29.4%~38.3%，晚稻田为53.0%~61.3%（表9）。稻纵卷叶螟嚼食叶片，1~3龄幼虫食量小，占总食量的8.96%，4龄和5龄的食量各占19.74%和71.3%，为暴食期。有机稻区稻纵卷叶螟幼虫被寄比常规稻区高1.05~3.21倍。发挥了直接控制害虫的发生量。

表 9　稻丛卷叶螟幼虫被寄生率调查结果

| 稻作类型 | 年　份 | 类　型 | 日　期 | 被寄生率（%） |
|---|---|---|---|---|
| 早　稻 | 2000 | 有机稻区 | 7月7—10日 | 29.4 |
| | | 常规稻田 | | 14.3 |
| | 2001 | 有机稻区 | 7月5—9日 | 32.1 |
| | | 常规稻田 | | 14.8 |
| | 2002 | 有机稻区 | 7月3—4日 | 38.3 |
| | | 常规稻田 | | 14.6 |

（续表）

| 稻作类型 | 年　份 | 类　型 | 日　期 | 被寄生率（%） |
|---|---|---|---|---|
| 晚　稻 | 2000 | 有机稻区 | 8 月 20—22 日 | 53.0 |
| | | 常规稻田 | | 12.4 |
| | 2001 | 有机稻区 | 8 月 25—31 日 | 56.5 |
| | | 常规稻田 | | 13.3 |
| | 2002 | 有机稻区 | 8 月 10—12 日 | 61.3 |
| | | 常规稻田 | | 18.9 |

### （三）经济效益

有机农产品生产在开始阶段尤其是转换期生产产量常低于常规稻区（表 10），但由于有机农产品增值较大，加上种养结合复合型的农业结构，其经济效益显而易见。实验基地 2000 年和 2001—2002 年分别以无公害稻谷和有机稻谷由购销企业收购，分别比市场同类产品高 15% 和 53% 出售，除去成本和常规稻产量，3 年产地农民合计增收 76.43 万元，其中养鸭收入 12.35 万元。

**表 10　水稻产量比较**　　　　　（单位：千克）

| 年　份 | 连作早稻 | | | 连作晚稻 | | | 单季晚稻 | | |
|---|---|---|---|---|---|---|---|---|---|
| | A | B | C | A | B | C | A | B | C |
| 2000 | — | 304 | 327 | — | 337 | 385 | — | — | — |
| 2001 | — | 292 | 315 | — | 389 | 408 | — | 426 | 441 |
| 2002 | 318 | 308 | 317 | 399 | 370 | 401 | 440 | 430 | 438 |

注：表中 A 代表有机农场，B 为转换期农场，C 为常规稻区

## 三、小　结

有机农作物生产不仅仅是不使用化学肥料、农药，而是建立以生产优质有机农产品和丰产高效为目标的生态稻田。实验基地以选用优质抗病丰产品种和使用"四肥"（绿肥、稻草还田、菜籽饼肥、农家有机肥）为基础，以稻鸭共育技术为骨干，实行标准化田间管理，辅以应用有机液肥、菌肥和生物农药的有机生产技术方法，初步形成生态稻田的雏形。体现了建立系统内封闭式的物质（肥料、种子）循环体系和建设健康肥沃的土壤为本，体现了运用农艺的、生物的、人工的方法治理病虫草害等有害生

物,并获得了丰产高效和农民增收的效果。然而,有机稻米生产刚刚起步,其生产技术方法还存在较多的缺陷,有机生产资料较少,有待农业和相关科学工作者的共同努力。

**参考文献**

杜相革,王慧敏,王瑞刚,等.2001.有机农业原理和种植技术[M].北京:中国农业大学出版社.

徐汉虹,张志祥,查友贵.2003.中国植物性农药开发前景[J].农药(3):1-2.

张古生,钱冬兰.1995.稻纵卷叶螟[M]//粮油作物病虫鼠害预测预报.上海:上海科学技术出版社.

浙江农业大学系作物科研组.1997.水稻栽培[M].杭州:浙江科学技术出版社.

诸葛梓,童彩文,陈桂华.1995.稻麦害虫天敌的调查及应用[M]//粮油作物疾虫鼠害预测预报.上海:上海科学技术出版社.

# 中国有机稻米生产的技术保障链
# 现状及推进展望*

金连登

中国水稻研究所　农业部稻米及制品质量监督检验测试中心

**摘　要**：以中国有机稻米的生产发展现状为载体，以《有机产品》国家标准为基础，研究并概括了有机稻米生产的技术保障链形成与应用效果，阐述了其在可持续发展上存在的相关影响因素，提出了今后推进发展的展望。

**关键词**：有机稻米，技术保障链，应用成效，推进展望

随着中国农产品质量安全工作的日益加强，当前，促进稻米的食用安全越来越被消费者关注，在水稻生产结构调整中，中国有机稻米的生产发展正处在一个趋旺的阶段。因此，其在生产中的技术保障链形成与应用更显重要。

## 一、中国有机稻米生产发展的基本状态

1. 中国有机稻米的生产

中国有机稻米生产起步于20世纪90年代中期，进入新世纪后有了较大的发展。主要体现于生产面积增加，生产区域增大（目前已有近20个省），生产产量提高（平均亩产从0.3吨提高到0.4吨左右）。

2. 中国有机稻米的生产面积及认证

据不完全调研及统计，至2007年，中国有机水稻经认证的生产面积为3万公顷左右，产稻谷在20万吨左右，产精制有机大米在13万吨左右。涉及种植的省（自治区）有黑龙江、吉林、辽宁、内蒙古自治区、江苏、新疆维吾尔自治区、湖北、湖南、安徽、浙江、江西、广东、上海、山东、天津、河南等，其中东北三省占到生产总量的50%~60%，黑龙江省就达1万公顷左右。目前，经认证的单个数量总和最多的为吉林省。全国有机稻米认证数量最多的论证机构是农业部系统的中绿华夏有机

---

* 本文原刊登在《第九届中日韩有机稻作技术交流国际会议论文集》，2008年7月，19-23页

食品认证中心，认证面积约 2 万公顷，认证企业数量为 150 多个。预计近 5 年内，全国年新增生产面积将在 0.3 万公顷左右。

3. 中国有机稻米生产发展的主要推动力

第一，具有良好农业资源和生态区域环境的选择范围大。据有关专家分析，在中国 3 000 万公顷的稻米种植面积中，具有一定面积规模的且比较适宜有机稻米生产的良好生态环境条件的面积大约可占到 300 万公顷。

第二，具有无公害、绿色食品稻米生产加工产业化的宏大基础。据相关统计显示，截至 2007 年年底，经过依法认证的绿色食品大米和无公害食品大米品牌已达 1 000 多个，生产面积也超过 500 万公顷。稻米产量在 2 500 万吨左右。

第三，具有以传统技术与现代技术相结合的现代科技支撑。近些年来，水稻产区广大的稻农及相关农业科技工作者，以传统农业技术为基础，创新了许多有利于有机稻米生产的新型配套技术。主要集成于三大技术方式：一是对产地生态环境持续保持的技术方式；二是对病虫草害持续控制的技术方式；三是对土壤肥力持续支持的技术方式。

第四，具有生产与认证标准的积极引导。进入 21 世纪后，中国的有机标准制定工作加快，在国际有机农业生产规范的框架指导下，2003 年 8 月中国认证机构国家认可委员会发布了《有机产品生产和加工认证规范》。2005 年 1 月国家质监总局正式公布实施国家标准 GB/T 19630.1~4《有机产品》，对有机稻米生产发展起到了积极引导作用。

第五，消费者对食用大米新需求的市场拉动。随着中国改革开放程度的推进和全面建设小康社会步伐的加快，在国家综合国力不断增强的同时，百姓的生活水平有了很大的改善，从而人们开始追求生活质量的提高。据相关调研分析，以大米为主食的人群中有 5%~10% 的城市居民有选购食用有机大米的强烈意向或购买行为。这成为拉动有机稻米生产发展的市场要素。

第六，具有政府重视并政策推动的支持。由于有机农业符合农业的可持续发展要求。有机食品是 21 世纪的健康安全食品，有利于人类的生命质量、生活质量改善。因此，中国各级政府越来越重视并制定了相应的政策来支持鼓励发展有机农业和有机食品，包括有机稻米。2004 年商务部、科技部等 11 个部委局联合印发了《关于积极推进有机食品产业发展的若干意见》，其中明确指出"目前，我国有机食品占全部食品的市场份额不到 0.1%，远远低于 2% 的世界水平，为此，要通过 5～10 年努力，力争使我国有机食品产量提高 5～10 倍，优先发展一批与人民群众生活密切相关的有机蔬菜、粮食、畜牧、茶叶等"。2005 年，农业部又发布了《关于发展无公害农产品、绿色食品、有机农产品的意见》。近些年来，水稻产区的各级政府，已有的放矢地制定了相关的指导政策、扶持措施及奖励办法，有力推动并支持了有机农业和有机稻米的有序发展。

4. 中国有机稻米的销售

中国有机稻米的销售形式目前主要以内销为主，少部分出口。在国内销售中，绝大多数为直接食用大米，略有少量用作食品加工，如米制食品、酿酒等。对有机稻米选购的主要对象比较明显的是五类人群，即：企业经理阶层、中高级知识阶层、中高层公务员、高收入务工阶层、外国驻华机构人士等。

## 二、中国有机稻米生产的技术保障链基本现状

1. 《有机产品》国家标准对生产过程控制的技术要求

中国国家标准 GB/T 19630《有机产品》由 4 部分组成，即：第 1 部分——生产，第 2 部分——加工，第 3 部分——标识与销售，第 4 部分——管理体系。在第 1 部分，主要体现在对生产的过程控制技术方面，其中核心的有 8 个关键技术点：一是产地的环境技术要求；二是转换期和平行生产控制技术要求；三是转基因控制技术要求；四是作物栽培和土肥管理技术要求；五是病虫害防治技术要求；六是防止污染控制技术要求；七是水土保持和生物多样性保护技术要求；八是允许使用的投入品和改良物质技术要求（实施准入制和评估制）。同时，在第 2 部分对加工过程控制的技术要求中，突出了加工厂的环境及卫生保障、配料与添加剂、加工工艺、有害生物防治、包装和储运、废弃物排放等控制技术要求。

2. 生产的技术保障链形成模式与基本要素

所称有机稻米生产的技术保障链含义是：在中国《有机产品》国家标准的指导框架内，通过生产与加工各环节的技术应用，形成相应的组织模式，对有机稻米生产过程控制实现集成与系统化技术体系，以达到稻米终端产品的质量安全目标。

通过近几年来的摸索与实践，目前中国有机稻米生产的技术保障链形成的组织模式主要有 4 种类型：一是以企业为龙头的企业+生产基地+农户生产者；二是以科研技术单位为牵头的科技单位+生产基地+农户生产

者+企业（加工）；三是以农业专业合作社为主体的专业合作社+生产基地+农户生产者或科技单位；四是以多个农户联营的农户+企业（加工）等。这些类型的组织模式形成，对当前中国有机稻米生产的技术保障链应用起到了积极作用。

那么，至今中国有机稻米生产的技术保障链有哪些基本要素呢？归结起来主要是涵盖了从产地到产品的全过程控制（下表）。

**表 有机稻米生产的技术保障链要素简表**

| 生产阶段 | 保障链项目 | 技术保障要素 | |
|---|---|---|---|
| 产 前 | 产地环境 | 远离城区、工矿区、交通主干线、工业污染源等，土壤、灌溉水质、环境空气检测达标 | |
| | 排灌系统 | 有机地块与常规地块有效隔离，防止水土流失，提倡节水种植 | |
| | 转换期、缓冲带 | 不少于24个月转换，设缓冲带或物理障碍物，防周边污染漂移 | |
| | 种子（品种） | 非转基因，有机种子，抗病抗虫品种，非化学方法处理 | |
| 产 中 | 土肥管理 | 禁用化肥，限用人粪尿，用有机堆肥、商品有机肥，稻草还田，种草返田，糠粉辅田 | |
| | 草害 | 中耕除草、机械和人工除草、生物除草 | 生物措施：稻鸭共作、稻鱼共养、稻蟹共生、稻蛙共育等 |
| | 病害 | 培育壮秧、轮作倒茬、间作套种、品种轮换 | |
| | 虫害 | 抗性品种，灯光、色彩诱杀，机械捕捉，天敌繁衍 | |
| | 栽培方式 | 品种轮作、套作，间作豆科作物，休耕、直播、机械化 | |
| 产 后 | 收割 | 人工收割、机械收割，防止平行收割，晒干、烘干 | |
| | 储运 | 专用运输工具，专区或专库贮存，防止有害生物，熏蒸除虫 | |
| | 加工 | 场所环境、人员卫生，添加剂限制，加工设备与工艺，防止平行加工，废弃物达标 | |
| | 产品包装 | 提倡纸质或食用级塑料包装材料，可回收、可降解，产品质量达标 | |
| | 销售 | 加施有机标识，不与非有机产品混合，避免有害物质接触 | |

3. 生产的技术保障链应用主要成效

依据国际有机农业生产原则和有关技术规范，解决有机稻米的生产过程控制问题，在相关国家还存在三大难点，即：非化学合成肥料的肥源及数量满足生长需要；非化学物质方法防治突发性病虫草害有效手段；生产中和生产后的受污染及自身产生污染的防控办法。针对这些难点，中国在有机稻米生产中形成的相关技术并推广应用已取得较好成效。

第一，有机农场（生产基地）的环境条件得到有效控制。利用各种监测技术手段，加强了对产地土壤、灌溉水质、大气质量等环境条件的实时监测或定时测评，保障了产地环境条件处于可控状态。

第二，选育适宜于当地种植的优质、高产、多抗水稻新品种得到有效利用。使这样新品种在生产中能发挥区域性的抗病抗虫优势或抗旱、抗盐碱等功能，保障了稻米的丰产和优质。

第三，研制或选择多种类别的生物肥料、有机肥料以满足水稻生长需要得到有效应用。除稻草还田、谷壳和糠粉辅田、种草返田等手段外，以牲畜粪尿加秸秆、杂草或植物叶片等为主原料，形成经充分堆制腐熟的农家有机肥作基肥使用为主体，加上部分经认证的商品有机肥或生物肥为补充的施肥及土壤培肥技术体系，基本保障了有机稻米生产的需要。

第四，围绕采用农业措施或生物的、物理的方法来防治病虫草害得到有效推广。除强化农业栽培手段外，采用"稻鸭共作""稻蟹共生"等生物方法和吸引天敌繁衍防治病虫草害已成普遍做法。同时，利用杀虫灯、诱虫器等物理方法来治虫也得到因地制宜选用。这些措施和技术方法的推广，较好保障了病虫草害的防治。

第五，良好的稻米收获和储运方式得到有效运行。对成熟的稻米进行人工或机械的收割，并注重单个品种的单收独贮。同时，对稻谷进行专门场地的自然晒干或集中烘干处理，并进行单独的专库或专区仓贮等良好操作，既满足了有机产品防止交叉污染或混杂要求，又保障了保持有机稻米优良品质的需要。

第六，清洁生产型的加工条件及技术工艺得到有效提升。建设清洁卫生的加工厂区，配备先进的加工设备，是当前中国有机稻米加工的一大特点。同时，对提高稻米的外观品质、食味品质、营养品质为主的技术工艺也是相关生产商注重的重点。因此，对保障中国有机稻米的品牌发挥了重要作用。

## 三、中国有机稻米生产的技术保障链推进展望

1. 对有机稻米生产的技术保障链在可持续上尚存在的影响因素将加大攻关力度

中国有机稻米的生产与技术保障链形成及应用时间还只有近 10 年，虽有标准的指导和技术推广的支撑，但随着今后生产规模发展，在技术保

障的可持续上还存在着相关的影响因素仍不可忽视。一是用于满足一定规模农场（或300公顷以上）的堆制有机肥料肥源数量与质量，以及商品有机肥价格与生产成本的影响因素；二是有机农场所在区位周边的环境动态污染受控的影响因素，如地块的灌溉水处在流域的下游位置被上游污染，或新建相关工矿企业的可能污染，或地块所处在风向在下风口被上风口的污染物质漂移等；三是水稻生产中地域性大规模突发病虫害紧急防治方法的局限性影响因素，如稻瘟病、稻飞虱及螟虫等；四是稻米生产和加工过程中的平行生产、平行收获、平行储运、平行加工及平行包装等易产生的交叉污染，以及产后自身将产生相关污染控制的影响因素，如秸秆焚烧、加工粉尘、稻壳处理等。针对上述影响因素，已引起各地政府部门及科技单位的高度重视，目前，对其的技术研发并攻关力度必将加大。

2. 有机稻米生产者将随着生产量的增加，不断加快新生产技术的应用速度

在遵循国际有机农业基本原则和中国《有机产品》国家标准指导下，中国有机稻米生产者已在总结相关技术应用经验的基础上，随着生产量的增加，将在两个方面加快新生产技术的应用速度：一是生产者之间互相传授采用传统的、实用的、省工节本的生产技术，如农家肥配方及堆制腐熟和无害化处理技术、病虫草害预测预报和前置防控方法、清洁化收储及加工措施等；二是广泛学习采用由市场研发的新生产技术，如土壤培肥、种养结合、作物轮作、允许使用的病虫草害新防治药物及手段等，并在应用质量和效益上更加注重并提高。

3. 随着市场消费需求的拉动，有机稻米的深加工食品开发将呈现强度

中国历来是米制食品消费大国，随着有机稻米生产总量的增加，除满足食用稻米需求外，利用有机稻米为原料的部分米制食品深加工技术开发必将进一步发展。至今，已有部分有机米粉干、有机年糕等产品经认证后上市。随着市场消费需求的增加，有机米粉、有机速食米饭、有机米奶、有机米酒、有机米饮料等食品将得到广泛研发，从而推进中国有机稻米产业的深度发展。

**参考文献**

蔡洪法. 2002. 中国稻米品质区划及优质栽培［M］. 北京：中国农业

出版社.

程式华，李健.2007.现代中国水稻［M］.北京：金盾出版社.

杜青林.2003.中国农业和农村经济结构战略性调整［M］.北京：中国农业出版社.

郭春敏.2005.等有机农业与有机食品生产技术［M］.北京：中国农业科学技术出版社.

金连登，朱智伟.2004.中国有机稻米生产加工与认证管理技术指南［M］.北京：中国农业科学技术出版社.

金连登.2007.我国有机稻米生产现状及发展对策研究［J］.中国稻米（3）：1-4.

武兆瑞.2004.全面加强无公害农产品认证步伐——访农业部农产品质量安全中心主任马爱国［J］.农业质量标准（2）：4-7.

张文，罗斌.2004.绿色食品基础培训教程——种植业［M］.北京：化学工业出版社.

# "稻鸭共育"技术与我国有机水稻种植的作用分析[*]

金连登[1]　朱智伟[1]　朱凤姑[2]　许立[1]

1. 中国水稻研究所；2. 浙江金华市婺城区农技站

**摘　要**：随着我国有机水稻的发展势态，解决种植中的技术难题日显迫切。经过我国多年来对"稻鸭共育"技术的应用推广，其已成为全国当前有机水稻种植解决相关技术难题，并体现出经济的、技术的、生态环境安全多项效果的重要选择。

**关键词**：稻鸭共育，技术方式，有机水稻，效果，选择

近些年来，随着市场的拉动，我国南北方稻区有机水稻生产发展迅速。据不完全统计，全国现有每年生产有机水稻面积 50 万亩左右，产稻谷在 20 万吨左右。由于有机种植方式禁止使用化学合成农药、化肥，提倡采用农业的、生物的、物理的方式解决生产过程中的相关技术需求。因而在种植中各地生产者较多地采用了"稻鸭共育"的种养结合技术，在很大程度上满足了有机种植方式的要求，且取得了良好的效果。各地相关的实践证明，"稻鸭共育"技术方式是当前我国有机水稻种植中体现经济与生态环境安全效果的重要选择而越来越受到生产者的青睐。

## 一、"稻鸭共育"技术的生产特色

1. "稻鸭共育"技术的形成

"稻鸭共育"技术是中国水稻研究所自 1998 年以来，在查阅国内外有关研究资料和吸收日本"稻鸭共作"技术经验的基础上，通过深入试验和示范，自主创新，研究提出的一项以水田为基础、种优质稻为中心、家鸭野养为特点，以生产质量安全和生态环境安全并高效益稻鸭产品为目标的大田畈、小群体、少饲喂、不污染的稻鸭共育种养复合生态技术。其结合浙江省种植业结构调整和发展高效优质生态安全稻米产业的迫切要求，在农业部和浙江省科技厅、省农技推广基金会、省农业厅等部门的大力支持下，积极推动此项技术在省内的示范与推广。自

---

\* 本文原发表于《农业环境与发展》，2008 年第 2 期，49~52 页

2000—2006 年已在各地累计推广了近 200 万亩。继而，又辐射到全国十多个水稻主产省。因此，该项技术被评为 2004 年浙江省科技进步三等奖。

2. "稻鸭共育"技术的特点

该项技术，归结起来主要有两大方面。

第一，从稻为鸭提供生育条件方面看：①不施化肥、农药的稻丛间，为鸭提供充足的水分和没有污染而且舒适的活动场所，其间的害虫，浮游、底栖小生物（小动物）和绿萍等，为鸭提供了丰富的饲料；②稻的茂密茎叶为鸭提供了避光、避敌的栖息地；③鸭在稻丛间不断觅食害虫（包括飞虱、叶蝉、蛾类及其幼虫、象甲、蝼蛄、福寿螺等）、浮游和底栖小生物（小动物），减少对水稻生育的为害。

第二，从鸭促进水稻生育作用方面来看：①鸭在稻丛间不断踩踏，使杂草明显减少，有着人工和化学除草的效果；②鸭在稻间不断活动，起了中耕的作用，有水层的田面经常保持混浊状态，既能疏松表土，又能促使气、液、土三者之间的交流，从而把不利于水稻根系生长的气体排走，氧气等有益气体进入水体和表土，促进水稻根系、分蘖的生长和发育，形成扇形株型，增强抗倒能力；③鸭在稻丛间连续活动，排泄物及换下来的羽毛不断掉入稻田，给水稻以追肥。

3. "稻鸭共育"技术的应用推广

随着"稻鸭共育"技术的日趋成熟，在农业部种植业司的力推下，近 6 年来，在全国的应用推广迅速。在南方稻区，有浙江、江苏、湖南、安徽、四川、广东、广西、云南等省区，在北方稻区，有湖北、河南、辽宁、吉林、黑龙江等省区，相继开展了不同形式和各具特色的试验与示范，年总应用推广面积已在 300 万亩左右。除了浙江省外，在这方面影响较大的，还有江苏省镇江市科技局等单位 1999 年曾从日本引进"稻鸭共作"技术与设备，在镇江市等地开展试验示范，特别是在适合当地应用的役用鸭选配及其习性研究上形成了自己的特色，取得了明显成果。几年来，"稻鸭共作"应用面积已达到 20 多万亩，技术成果也通过了省级鉴定，并出版了《稻鸭共作——无公害有机稻米生产新技术》。湖南农业大学的"稻鸭共生"试验示范也形成了自己的技术特色，推广应用面积不断扩大。

## 二、"稻鸭共育"技术在有机水稻种植中的直接应用效果

据不完全调查，目前在我国有机水稻种植应用"稻鸭共育"技术的生产基地已有较大的涵盖面，如浙江、江苏、湖南、湖北、广东、江西、河南、黑龙江、吉林、辽宁、安徽等十多个省区。各地都取得了其他单项技术无法比拟的 5 个应用效果。其对解决有机水稻生产中的重要技术控制难题开辟了一条有效途径。

1. 对水稻害虫的防治效果

在我国，已知水稻害虫约有 250 种，其中普遍发生，且为害严重的害虫有 6 种，即三化螟、二化螟、褐飞虱、白背飞虱、黑尾叶蝉、稻纵卷叶螟。通过应用"稻鸭共育"技术，鸭子发挥了天生的捕虫能力，对水稻害虫起到了有效的防治作用。据浙江省第一个有机水稻生产基地金华市婺城区农业局的生产实践，充分证明了这个作用（表1）。

表1　2001—2002 年金华市婺城区农业局稻鸭共育除虫考查效果

| 稻 作 | 考查日期 | 稻飞虱数量（头/30 只） | | 稻纵卷叶螟幼虫数量（头/100 丛） | | 二化螟为害枯心率（%） | |
|---|---|---|---|---|---|---|---|
| | | 养鸭田 | 常规田 | 养鸭田 | 常规田 | 养鸭田 | 常规田 |
| 早 稻 | 6 月 12 日 | 5 | 34 | | | | |
| | 6 月 13 日 | 42 | 110 | | | | |
| | 6 月 25 日 | 25 | 280 | 8 | 6 | 2.9 | 3.2 |
| | 6 月 27 日 | 3 | 62 | 4 | 11 | 3.8 | 4.1 |
| | 7 月 9 日 | 12 | 145 | | | | |
| | 7 月 10 日 | 50 | 70 | | | | |
| 晚 稻 | 8 月 11 日 | 11 | 260 | | | | |
| | 8 月 12 日 | 15 | 250 | | | | |
| | 9 月 8 日 | 5 | 45 | 9 | 15 | 3.7 | 3.2 |
| | 9 月 9 日 | 3 | 15 | 8 | 10 | 3.5 | 4.0 |
| | 9 月 21 日 | 98 | 88 | | | | |
| | 9 月 20 日 | 117 | 115 | | | | |

2. 对水稻病害的防治效果

经研究考证，在我国稻作病害共有 240 多种，其中，以稻瘟病、白叶

枯病、纹枯病的分布最广、为害最重，是我国稻作的三大重要流行病。有机水稻种植，病害是重要的威胁之一。

据吉林省延边州、通化县及黑龙江省鸡东县的有机水稻"稻鸭共育"技术应用，所种的水稻 2005 年和 2006 年均有效地控制了稻瘟病发生。据中国水稻研究所多年的试验表明，运用"稻鸭共育"技术，对水稻纹枯病的防治明显有效。"稻鸭共育"田的水稻纹枯病平均丛发病率分别为 59.5% 和 19.9%，比 CK（空白对照）平均高 19.3% 和 1.1%，但是平均病情指数分别只有 11.7% 和 12.5%，比 CK 低 23.9% 和 13.8%。根据在田间的观察，前者可能是鸭子在稻间活动易损伤叶鞘，使菌丝更容易侵入，从而引起丛发病率升高，但由于鸭子活动抑制了水稻后期无效分蘖和加速基部枯黄叶片脱落，因而明显改善了水稻群体基部的通风透光条件，使纹枯病的蔓延和为害程度得以减轻，病情指数下降。

3. 对稻田杂草的防除效果

稻田杂草种类繁多，据国际水稻研究所的研究结果，全球稻田杂草有 324 种；日本有约 210 种；中国有约 200 余种，其中严重为害的有 20 余种。稻田杂草与水稻争夺阳光、空间、肥料，造成亩产减产。但通过"稻鸭共育"试验对有机水稻基地的除草效果比较显著（表 2、表 3）。

表 2　湖南省长沙市农业局稻鸭共育田的除草效果（单位：株/平方米）

| 处理＼杂草 | 稗草 | 节节菜 | 双穗雀稗 | 瓜皮草 | 李氏草 | 水蓼 | 四叶草 | 荆三棱 | 水花生 | 长瓣慈菇 | 鸭舌草 | 杂草数量 |
|---|---|---|---|---|---|---|---|---|---|---|---|---|
| 稻鸭共育 | 3.63 | 0.83 | 0 | 2 | 0.11 | 0.15 | 0 | 0 | 0 | 0 | 0.11 | 6.83 |
| 施除草剂 | 16.4 | 1.3 | 2.7 | 3.2 | 2.4 | 0.4 | 0.4 | 28 | 2.07 | 0.6 | | 7.27 |

表 3　南京农业大学稻鸭共育田的除草效果　（单位：株/平方米）

| 试验区＼杂草 | 稗草 | 鸭舌草 | 异型莎草 | 丁香蓼 | 野荸荠 | 陌上菜 | 牛毛草 | 小茨藻 | 绿萍 | 瓜皮草 | 地钱 | 矮慈菇 |
|---|---|---|---|---|---|---|---|---|---|---|---|---|
| 清水区 | 5 | 55 | 7 | 2 | 5 | 5 | 620 | 900 | 35 | 0 | 0 | 0 |
| 浑水区 | 0 | 12 | 1 | 0 | 3 | 0 | 0 | 205 | 118 | 3 | 83 | 0 |
| 稻鸭区 | 0 | 0 | 0 | 0 | 0 | 0 | 27 | 99 | 0 | 0 | 0 | 0 |

4. 对水稻田的增肥效果

鸭粪的养分含量略低于鸡粪。据有关检测表明，鲜粪平均全氮为 0.71%、全磷 0.36%、全钾 0.55%，微量营养元素含量为：铜 5.7 毫克/

千克、锌 62.3 毫克/千克、铁 4 519 毫克/千克、锰 374 毫克/千克、硼 13.0 毫克/千克、钼 0.40 毫克/千克。其是养分含量较多、质量较好的有机肥，其中铁、锰、硼、硅的含量最高，居粪尿类之首，对解决有机水稻种植中的肥源问题作用重大。

据中国水稻研究所的研究表明：鸭的排泄物具有显著的增肥、培肥效应。据测定，一只鸭子在稻间两个月的排泄物湿重达 10 千克，相当于氮 47 克、磷 70 克、钾 31 克，起到很好的增加土壤有机质和追肥效应。按 50 平方米稻间放养 1 只鸭的密度，其排泄物就能满足水稻正常发育所需的氮、磷、钾养分。

以下是浙江金华有机水稻"稻鸭共育"田的 2002 年鸭粪肥考查结果（表 4）。

**表 4　鸭粪肥效考查结果**

| 处　理 | 基本苗（万/亩） | 最高苗（万/亩） | 有效穗（万/亩） | 成穗率（%） | 每　穗 | | | 千粒重（克） | 理论产量（千克） | 实际产量（千克） |
| | | | | | 总粒数（粒） | 实粒数（粒） | 结实率（%） | | | |
| A | 3.9 | 17.72 | 15.57 | 87.87 | 83.22 | 70.0 | 84.4 | 25.8 | 282.0 | 263.3 |
| B | 5.76 | 19.64 | 17.11 | 87.11 | 78.62 | 65.3 | 83.0 | 25.8 | 288.0 | 265.8 |
| A比B增减 | -32.3% | -9.8% | -9.0% | +0.87% | +5.9% | +4.9% | +7.5% | | -2.1% | -0.9% |

注：①试验户：A、B；②品种：早稻红米；③处理面积各为 1 亩，处理：A 为每亩稻田放鸭 12 只，共生期 45 天；B 为每亩施用碳氨 40 千克、过磷酸钙 20 千克、尿素 22.5 千克

5. 对水稻的刺激生长效果

各地的试验均显示，凡是"稻鸭共育"的田块，水稻生长都呈现独特的长相而与周围田块截然不同。如叶厚，叶色浓，植株开张，茎粗而硬，茎数多等，体现旺盛的生命力。其根本原因是鸭对水稻的刺激效果。鸭在稻田，用嘴去接触稻株下部，吃叶上的虫；移动时，用翅膀接触稻株，用嘴和脚给泥中的稻根以刺激，也就是鸭不停地给水稻的上部、地下部以接触刺激所形成。

### 三、在有机水稻种植中推广应用"稻鸭共育"技术的现实意义

随着"稻鸭共育"技术的效果与作用发挥，在有机水稻种植中的推广应用将日趋普遍，其重要现实意义也将不断被生产者所认识，也越来

被作为发展有机农业、生态农业等在技术上的重要选择并得以应用推广。

1. 有利于保护生态环境安全和生物多样性

有机水稻的种植，其中一个重要的目标是修复生产环境，保护生态环境安全，促进产区生物的多样性。采用"稻鸭共育"技术，实施植物和动物的共生共长，其本身就是创造了一种种养结合的生态环境。由于鸭子整天在稻田中穿行，也大量地吸引了鸟类的到来，更能增添产区的生物多样性，有利于生态的更趋合谐。据浙江金华的有机水稻基地试验结果显示，稻田中蜘蛛量比常规田高 1.10~1.37 倍，其能有效抑制稻飞虱虫害。同时，水稻害虫的寄生天敌褐腰赤眼蜂也大量增长，对稻飞虱卵和稻纵卷叶螟均有良好的控制作用。

2. 有利于缓解病虫草害及培肥技术难题

目前，在我国有机水稻种植中最难的是病虫草害防治和稻田培肥四大难题。而"稻鸭共育"技术的采用，较好地克服了有可能要苦苦寻求的非化学控制的其他方法，起到有病控病、无病防病，有虫吃虫，有草食草，且鸭粪肥田的综合性、种养结合的良好效果。因而，从很大程度上缓解了当前有机水稻种植中的技术难题。而该项综合性技术在日本、韩国、菲律宾等国有机水稻种植中已被称为最有效的有机种植应用技术。在我国不断推广应用该技术，不仅有利于缓解有机水稻种植中的技术难题，而且，还有利于有机水稻生产方式的标准化实施及可持续发展。

3. 有利于稻农节本省工并增收

采用"稻鸭共育"技术，稻农无需化钱购买商品有机肥或沤制肥料的原料，也无须购买生物农药控病治虫，因而大大节约生产成本投入。据江苏省丹阳市的有机水稻种植基地统计，每亩可节约用于购买肥料和农药等开支为 82 元。同时，鸭子代替了人力在稻田除草、捕虫、中耕浑水等劳作，又可每亩节约人工费 60 元左右。浙江、湖南、广东、吉林、黑龙江等省的有机水稻基地亦都普遍反映如此。为此，"稻鸭共育"技术是一项给稻农带来节本省工效益的技术，从而又可确保稻农增收。

4. 有利于稻米稳产和品质提升

由于有机水稻生长过程中的病虫草害得到控制，稻田肥料养分充分，水稻刺激生长健康，因此，促进了稻米的稳产或增产。据浙江金华有机水稻基地的 3 年考查，稻田的基本苗所产的有效分蘖个数增多。同时结实后穗大粒多，每穗总数粒和实粒数分别比常规田提高 4.6 和 4.9 个百分点，促进了产量的增加。据中国水稻研究所在绍兴的双季稻试验推广基地2004年实测，早稻平均亩产为390.3千克，晚稻平均亩产达427千克，两季合计达800千克以上。同时，据吉林延边、江苏丹阳、广东江门、黑龙江鸡东等"稻鸭共育"有机水稻基地的近2~3年稻谷检测，其品质均达到国家标准优质稻谷标准，部分粳米品质指标还超过了日本的越光大米。

**参考文献**

郭春敏，等.2005.有机农业与有机食品生产技术［M］.北京：中国农业科学技术出版社.

金连登，朱智伟.2004.中国有机稻米生产加工与认证管理技术指南［M］.北京：中国农业科学技术出版社.

沈晓昆.2002.稻鸭共作——无公害有机稻米生产新技术［M］.北京：中国农业科学技术出版社.

许德海，禹盛苗.2002.无公害高效稻鸭共育关键技术［J］.中国稻米（3）：36-38.

镇江市科学技术局，镇江市农林局.2004.第四届亚洲稻鸭共作研讨会论文集.

# "稻萍蟹"生态农业技术在有机稻米生产中的应用*

杨银阁　陈超　曹海鑫　刘科研　刘海　黄文

吉林省通化市农业科学研究院

**摘　要：**把"稻萍蟹"生态农业技术应用到有机稻米生产中，即在稻田建立稻、萍、蟹立体结构，其中第一层次生长的水稻为河蟹和萍遮光和提供栖息场所；第二层次生产大量的萍体覆盖水面，控制水层下的杂草，还可以直接为河蟹提供饲料，同时萍体改良土壤为水稻提供营养物质。第三层次的河蟹可以除草，粪便可以肥田，同时河蟹可作为有机稻田的生物指示剂。在稻田不用化学农药、不施化肥，达到有机稻米的生产要求，从而实现农业的可持续发展。

**关键词：**稻萍蟹，生态农业，有机稻米

随着社会的进步和科技水平的提高，人们对日常食用大米的要求也在不断提高，目前已由过去的无公害大米到绿色优质米并逐步向有机大米转化。吉林省对有机食品的研究相对来说起步比较晚，特别是有机稻米的生产现在还没有一个同定的栽培模式。

针对目前的土地经营方式，以及农村有机肥和绿肥数量急剧下降、土地有机质含量下降、养分失衡、理化性状恶化、肥力减退、生产力降低、水稻品质下降等实际问题，在水稻生产迫切需要兼顾产量、质量、效益和环境等因素的前提下，需要提出更加行之有效的措施，实现供需平衡的农业发展模式。本论文就是针对有机稻米的生产，配套以适合有机稻米生产要求的"稻萍蟹"生态农业技术进行探讨。

## 一、设计原理

"稻萍蟹"生态农业模式就是通过人工调控的方法，改变传统稻田的结构和功能，其核心是将单纯以水稻为主体的稻田生物群体改变为稻、

＊ 本文原刊登在《第九届中日韩有机稻作技术交流国际会议论文集》，2008 年 7 月，53-59 页

萍、蟹三者共存的生物圈。

在水稻田里建立以水稻为主体的3个层次立体结构。第一层是水面上层生长的水稻；第二层是浮在水面上的细绿萍；第三层是水面下生长的河蟹。

水稻利用光能进行光合作用，生产出绿色的碳水化合物，同时为喜阴的萍遮光、降暑，为河蟹遮光，稻根为河蟹提供良好的栖息场所。

细绿萍在系统中，一是利用太阳能进行光合作用，生产大量的萍体；二是与蓝藻共生能够固氮和富钾作用；三是通过覆盖水面控制水面下的杂草，四是萍体可直接为蟹提供饲料，并为之提供隐蔽、栖息、遮光、降温作用；五是萍体改良土壤为水稻提供营养物质。

河蟹在生态系统中的作用，一是提高土地利用率，增加单位面积产出；二是利用河蟹除草；三是河蟹产生的粪便可以肥田；四是河蟹可作为生态农业的生物指示剂。

综上所述，稻萍蟹生态农业模式可以以图1的模式表示。

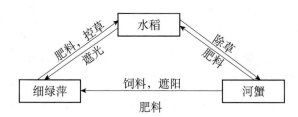

图1　稻萍蟹生态农业模式图

## 二、试验方法

在水稻翻地时每亩施入2 000千克腐熟的猪圈粪，在水稻全部生育期不施化肥，不用农药和除草剂，4月10日育苗（早育苗），5月23日插秧，密度9寸×6寸，每平方米16.67穴，每穴两苗，插秧后挖蟹沟，在水稻田离池埂50厘米处四周挖沟，上宽80厘米，下宽50厘米，深60厘米，然后每隔20米再挖一条蟹沟，上宽50厘米，下宽30厘米，深30厘米，每隔8~10米设一个投料台，以便喂蟹饵料。为防蟹逃逸，在池埂的四周用塑料薄膜围50厘米高的防蟹墙。

在6月2—5日亩放3千克的细绿萍，到6月20—25日萍体基本覆盖水面，为促进萍体的生长，从6月25同后每10天分一次萍。

6月10—15日每亩放300~500只辽河扣蟹，平均每千克蟹种120~

160只，在放蟹前每亩用15～20千克的生石灰消毒，以后5～7天换一次水，每15天泼洒一次20毫摩尔/升浓度的生石灰调节水质。在放蟹的初期为防止河蟹吃水稻小蘖，按蟹总含量的5%～10%投饲料，一般以豆饼、小杂鱼、配合饲料等，并加入一定的脱壳剂。秋后在9月20日开始排水捕蟹。

### 三、结果与分析

1. "稻萍蟹"田水稻生长量分析

为明确各处理区的水稻生长动态，我们在水稻抽穗前（即从6月10日至7月30日）每隔5天调查一次株高、茎数（表1）。然后将各时段调查的株高×茎数＝生长量，并采用逻辑斯谛（Logistic）公式进行统计分析，将统计分析结果绘于图2。由图看出：各处理下的生长量增长为"S"形的动态变化过程，在这个变化过程中从水稻插秧到6月10日，各处理区以同样的速度生长，之后对照区的生长量生长速度明显低于稻萍蟹田和稻萍田处理区；而稻萍蟹田和稻萍田处理的生长量生长动态，从水稻插秧至7月5日的生长量亦呈同样的速度生长。

**表1　稻萍蟹田和稻萍田的水稻生长量**

| 时间 生长量 处理 | 6月10日 10天 | 6月15日 15天 | 6月20日 20天 | 6月25日 25天 | 6月30日 30天 | 7月5日 35天 | 7月10日 40天 | 7月15日 45天 | 7月20日 50天 | 7月25日 55天 | 7月30日 60天 |
|---|---|---|---|---|---|---|---|---|---|---|---|
| 实测量 稻萍蟹田 | 81.29 | 106.58 | 240.35 | 410.79 | 570.20 | 795.09 | 970.16 | 1 083.54 | | | |
| 实测量 稻萍田 | 72.10 | 100.80 | 191.83 | 386.12 | 552.43 | 959.16 | 959.16 | 993.75 | | | |
| 实测量 CK田 | 54.83 | 86.10 | 186.38 | 309.94 | 437.87 | 553.49 | 553.49 | 648.40 | | | |
| 拟合值 稻萍蟹田 | 62 | 124 | 235 | 405 | 617 | 822 | 976 | 1 071 | 1 123 | 1 149 | 1 162 |
| 拟合值 稻萍田 | 62 | 112 | 222 | 397 | 609 | 796 | 922 | 991 | 1 025 | 1 041 | 1 048 |
| 拟合值 CK田 | 49 | 99 | 185 | 304 | 431 | 532 | 597 | 631 | 649 | 657 | 661 |

进入7月10日后，随着水稻生育进程的不断进展，稻萍蟹田处理区的生长量增长速度不断增快，生长量明显高于稻萍田区和对照区，稻萍田处理区的生长量且高于对照区，对照区的生长量表现最低。由此可见，稻田养殖河蟹，由于河蟹在稻田中不分昼夜地觅食、爬行，翻动了土壤，搅动了田水，增加了水中不溶解氧和土壤含氧量，改善了土壤通气状况，提

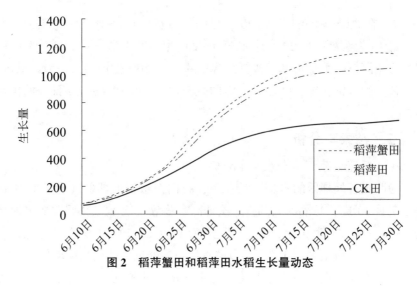

图2　稻萍蟹田和稻萍田水稻生长量动态

高了土壤肥力，进而改善了稻田生态环境，促进了水稻生长。

由数学模型又进一步计算出二阶导数反映出：稻萍蟹田处理区的生长量生长高峰期出现在插秧后的29天，即当地时间6月24日，日增长量43.8；生长量最大速度生长期为插秧后11~31天，当地时间6月6—26日，在这20天中的生长量增长876，占总生长量的74.6%。稻萍田处理区的生长量生长高峰期出现在插秧后的28天，每天的生长量增长42.9，即当地时间6月23日；生长量最大速度生长期为插秧后9~27天，最大速度生长天数为18天，该时段的生长量生长773，占总生产量的74.6%。对照区的生长量生长高峰期出现在插秧后的26天，每天的生长量增长26，即当地时间6月21日；生长量最大速度生长期为插秧后12~31天，最大速度生长天数为19天，该时段的生长量增长494，占总生长量的74.5%（表1）。

2."稻萍蟹"田防除稻田间杂草效果分析

据2006年7月21日调查分析，稻萍蟹田立体农业应用生物间相生相克、相辅相承的关系，达到在水稻整个生育期间在不施用化学除草剂的情况下，再辅之1~2次人工除草，基本上控制田间杂草。一是利用细绿萍覆盖水面，对水面以下的杂草能控制在70%左右，尤其是对眼子菜，对照区每平方米为218株，而施萍区仅为30株，防效达86.20%；对萤蔺防效达72%，鸭舌草防效达72.2%；而对稗草效果较差，仅为44.4%。二是利用河蟹具有食草的特点，特别是禾本科杂草，根据调查河蟹防除田间杂草达到10%以上，而且对露出水面的稗草防效更好，有些是直接食用，有趣的是，有些杂草河蟹并不食用，而喜欢用前面两螯足将草掐断戏耍，可能是磨爪，类似老鼠磨牙，其原因目前还不清楚，这一除草作用恰与绿萍控制水下杂草互补，绿萍控制水面下的杂率达70%，蟹除草杂草效果10%以上，两种措施累加，同时还具有增效作用，其结果对稗草的防治效果达79.2%，野慈菇防效72.2%，鸭舌草防效79.89%，萤蔺防效达84%，眼子菜达90.8%，其他杂草防效达71.7%；平均防效达79.7%（表2）。

表2　细绿萍、河蟹防除稻田杂草调查结果

| 杂草种类<br>处理方法 | 稗草 | | 鸭舌草 | | 野慈姑 | | 眼子菜 | | 萤蔺 | | 其他草 | |
|---|---|---|---|---|---|---|---|---|---|---|---|---|
| | 株数（株/平方米） | 效果（%） | 株数（株/平方米） | 效果（%） | 株数（株/平方米） | 效果（%） | 株数（株/平方米） | 效果（%） | 株数（株/平方米） | 效果（%） | 株数（株/平方米） | 效果（%） |
| 对　照 | 72 | 0 | 84 | 0 | 18 | 0 | 218 | 0 | 25 | 0 | 46 | 0 |
| 使用除草剂 | 4 | 94.6 | 7 | 91.7 | 4 | 77.8 | 30 | 86.2 | 3 | 88 | 8 | 82.6 |
| 人工除草 | 5 | 93.0 | 11 | 86.9 | 2 | 88.9 | 78 | 64.2 | 4 | 84 | 11 | 76.1 |
| 萍处理 | 40 | 44.4 | 25 | 70.2 | 33.3 | 33.3 | 30 | 86.2 | 7 | 72 | 18 | 60.9 |
| 萍蟹处理 | 15 | 79.2 | 17 | 79.8 | 5 | 72.2 | 20 | 90.8 | 4 | 84 | 13 | 71.7 |

3. 河蟹摄食细绿萍数量比较分析

在稻萍蟹生态系统中，绿萍是初级生产者，它吸收透过水稻层的微光，与蓝藻共生固定空气的氮素，富集稻田水中不被水稻吸收利用的低浓度钾，制造有机物。经中国科学院沈阳分院理化测试中心分析表明，细绿萍（干）含粗蛋白11.94%、粗脂肪1.4%及各种氨基酸，不但营养丰富，而且个体小，不需加工，即可供河蟹摄食，是很好的枯物性饵料（表3）。

表3　细绿萍、河蟹氨基酸含量

| 氨基酸种类 | 细绿萍（干） | 河蟹（干） |
|---|---|---|
| 天门冬氨酸 ASP（毫克/100克） | 1.257 | 2.420 |
| 苏氨酸 THR（毫克/100克） | 0.595 | 1.003 |
| 丝氨酸 SER（毫克/100克） | 0.533 | 0.899 |
| 谷氨酸 GLU（毫克/100克） | 1.536 | 3.509 |

（续表）

| 氨基酸种类 | 细绿萍（干） | 河蟹（干） |
|---|---|---|
| 脯氨酸 PRO（毫克/100 克） | 0.583 | 1.017 |
| 甘氨酸 GLY（毫克/100 克） | 0.814 | 1.932 |
| 丙氨酸 ALA（毫克/100 克） | 0.753 | 2.081 |
| 胱氨酸 CYS（毫克/100 克） | 0.298 | 0.175 |
| 缬氨酸 VAL（毫克/100 克） | 0.695 | 1.576 |
| 蛋氨酸 MET（毫克/100 克） | 0.152 | 1.106 |
| 亮氨酸 LEU（毫克/100 克） | 1.189 | 1.942 |
| 酪氨酸 TYR（毫克/100 克） | 0.412 | 0.731 |
| 苯丙氨酸 PHE（毫克/100 克） | 0.622 | 1.102 |
| 赖氨酸 LYS（毫克/100 克） | 0.679 | 1.750 |
| 组氨酸 HLS（毫克/100 克） | 0.178 | 0.463 |
| 精氨酸 ARG（毫克/100 克） | 0.736 | 1.148 |
| 异亮氨酸 ILE（毫克/100 克） | 0.576 | 1.450 |
| 色氨酸 TKP（毫克/100 克） | 0.159 | 0.249 |
| 粗蛋白（%） | 11.94 | 31.56 |
| 粗脂肪（%） | 1.4 | 4.27 |

据 2006 年对稻萍蟹田与稻萍田两个处理，4 次重复试验表明，4 个稻萍蟹区的萍产量明显少于稻萍区，最多亩产量相差 349 千克。平均亩产量为 1 902 千克，比稻萍田（平均亩产萍 2 120 千克）少 218 千克，占产量的 10%（表 4）。经方差分析，（$F = 17.65$）>（$F_{0.01} = 12.25$），差异水平极显著（表 5）。这部分 10 %萍被河蟹摄食，在生态系统中萍与蟹进行物质循环和能量流动。

又据省外缸养试验表明，8 月体重为 20 克的河蟹，日摄食绿萍量相当于河蟹体重的 1%。

**表 4　河蟹摄食细绿萍数量比较**

| 处　理<br>重　复 | 稻萍田萍产量<br>（千克/亩） | 稻萍蟹田萍产量<br>（千克/亩） |
|---|---|---|
| I | 2 212 | 1 890 |
| II | 2 160 | 1 766 |

| 重复 处理 | 稻萍田萍产量<br>（千克/亩） | 稻萍蟹田萍产量<br>（千克/亩） |
|---|---|---|
| Ⅲ | 2 091 | 1 960 |
| Ⅳ | 2 106 | 1 990 |
| 平　均 | 2 120 | 1 902 |

**表 5　河蟹摄食细绿萍方差分析**

| 差异源 | SS | Df | MS | $F$ | $F_{0.05}$ | $F_{0.01}$ |
|---|---|---|---|---|---|---|
| 处理间 | 95 266.13 | 1.00 | 95 266.13 | 17.65 | 5.99 | 12.25 |
| 误　差 | 32 387.75 | 6.00 | 5 397.96 | | | |
| 总变异 | 127 653.88 | 7.00 | | | | |

经方差分析：$(F=17.65) > (F_{0.01}=12.25)$

4. 经济效益分析

（1）产成品效益分析：生态水稻田亩产水稻按 400 千克计算，平均每千克按 2 元计算，亩产值 800 元，普通水稻亩产按 550 千克计算，每公斤 1.20 元，亩产值 660 元，亩增收 140 元；生态蟹亩产按 15 千克计算，每公斤按市场价 40 元计算，亩产值 600 元。以上两项亩增加产值为 740 元。

（2）投入有机肥与化肥农药效益分析：生态稻亩用腐熟的猪粪为 2 000 千克，计 40 元。普通水稻亩用二铵 10 千克，每千克按 1.95 元计算，亩费用 19.5 元；尿素亩用量 15 千克；每公斤 0.65 元，亩费用 9.75 元；硫酸钾亩用量 5 千克，每千克 2 元，亩费用 10 元；加之防病用的富士一号等农药亩成本 10 元。普通栽培水稻化肥和农药成本 50 元，比用农肥多 10 元。

（3）投入的成本分析：生态田扣蟹种 3 千克，每千克 60 元，亩费用 180 元；细绿萍 3 千克，每千克 40 元，亩费用 120 元；蟹围墙及人工费 100 元；人工除草亩用工 3 个，每个工按 16 元，亩费用 48 元，以上 4 项亩增加费用 448 元。

（4）投入产出分析：生态稻米田亩增收 740 元，加上不使用化肥农药减少成本 10 元，共计 750 元，扣去多投入的成本 448 元，实际生态田要比普通田亩增收 302 元（表 6）。

表 6　生态田和普通田效益比较

| 项　目 | 增加效益 | | | | | 增加的成本 | | |
|---|---|---|---|---|---|---|---|---|
| | 稻产量<br>（千克） | 稻产值<br>（元） | 蟹产量<br>（千克） | 蟹产值<br>（元） | 蟹种<br>（元） | 萍种<br>（元） | 肥药<br>（元） | 工时费<br>（元） |
| 生态田 | 400 | 800 | 15 | 600 | 180 | 120 | -10 | 148 |
| 普通田 | 550 | 660 | | | | | | |
| 相　差 | | 140 | | 600 | 180 | 120 | -10 | 148 |
| 累积新增值 | 140+600+10-180-120-148＝302 | | | | | | | |

## 四、讨　论

稻萍蟹生态农业模式为现代农业提供了一个全新的栽培模式，但还只是个雏形，也可以说只是一个框架，它的内容和各项技术还不尽成熟，许多地方需要进一步研究完善，比如说除草效果问题，虽然总体防效通达到 80%，但剩余的 20% 比例虽少，但在田间还是一个不小的数字，例如：平均每平方米有 72 株稗草，防效达 79.2%，每平方米仍有 15 株稗草不能除去，如果每户种植面积小，尚可辅之人工除草，倘若种植 5 亩以上生态田，除草就力不从心了。

再如，防病防虫也是一个问题，尤其是稻瘟病的重灾区，加之大多数优质品质抗病能力又相对差，现在的小面积试验主要是通过减少施肥量，控制产量指标，稀播稀插，增加田间通风透光等耕作措施来减轻病虫害，但缺乏十分有效的措施从根本上加以解决（如生物农药等）。

本试验所提出的稻、萍、蟹生态模式，条件适宜的地区（如水利资源丰富，劳力充沛，具有一定经济实力）应该积极示范推广。

## 五、结　论

本项试验研究初步探索出一个未来有机稻米生产的栽培模式，即在农田不施化肥、不打农药，而依靠农肥与稻萍蟹立体栽培的生态技术防止田间杂草，并利用萍体和蟹粪增加土壤有机质，改善土壤理化性质，提高了土地利用率，农田无污染，环境得到保护，地越种越肥，产量会随之越来越高，兼顾产量、质量、效益和环境等因素，在不破坏环境和资源、不损害子孙后代利益的前提下，实现当代人们对生产者供需平衡的可持续发展的目的，使山更青、水更绿、地更肥，田间蛙儿叫、蟹儿游、稻花香，人与自然和谐的壮丽景观。

本项研究初步探讨出利用细绿萍体秋后翻入土壤中，改善土壤理化性质，增加了土壤速效氮．速效磷、速效钾的含量，提高了土壤有机质的一些技术参数，并为种地、养地有机食品的发展提供了有力技术支撑。

从生态效益看稻田养蟹及放萍是根据水稻、萍的生态特征、生物学特征及河蟹的生活习性形成的一种立体种养模式。通过生态系统中的物质循环和能量的转换形成其生态的关系，从而增加了稻田的生态负载力。稻萍蟹共生的条件在于：稻田水源充足，水质稳定，温度适宜，有利于蟹的生长，为河蟹生长提供部分饵料来源，同时稻萍田还可为河蟹生长提供依附物和栖息场所。萍的须根和萍体的腐烂使土壤表层疏松，改善土壤物理性质；萍可提供有机肥料来源，恢复和提供土壤肥力。蟹属杂食动物，可摄食绿萍，因此，萍的存在既有利于水稻生长又有利蟹的生长。蟹可疏松土壤，消灭田间杂草，其粪便和剩余的饵料可转化为肥料，促进水稻的生长。因此，稻萍蟹之间产生共生互惠的效应，从而达到有机稻米生产的要求，实现农业的可持续发展。

# 有机稻米的生产发展将给中国带来什么改变*

金连登　朱智伟　牟仁祥

中国水稻研究所　农业部稻米及制品质量监督检验测试中心

**摘　要**：本文以科学发展观为指导，从结合推进农业与农村经济结构改革入手，分析了中国有机稻米生产发展的现状，阐明了有机稻米生产发展的六大因素，提出了有机稻米生产发展将给中国带来什么改变的命题，从理性的角度创新性地阐述了 8 个方面改变的热点议题。

**关键词**：有机稻米，生产发展，中国，带来改变

有机稻米是有机农业的重要产物，也是有机食品的重要组成之一。由于有机稻米生产立足于全程质量控制、生态环境保护及农业可持续发展、产品确保食用安全的目标，符合当今中国在科学发展观的统领下，推行环境友好型、资源节约型、社会和谐型的经济社会发展方略，因此，得到政府和民众的认可，在近 10 年来生产发展也越来越快。那么，在我们不断注重国家粮食安全、农业生产方式转型升级、人民群众消费安全的主题下，如今，有机稻米的生产发展将会给中国带来什么改变呢？笔者认为，我们必须结合形势，从分析有机稻米的生产发展现状和原因入手，客观地认识并评价其已经或行将起到的改变作用，更好地启迪社会各方采取更加有力的措施，支持今后的有序发展，都将具有十分重要的现实意义。

## 一、中国有机稻米生产与销售的现状

中国有机稻米生产起步于 20 世纪 90 年代中期，进入 21 世纪后有了较大的发展。主要体现于生产面积增加，生产区域增大（目前已有近 20 个省区市生产有机稻米），生产产量提高（平均亩产从 300 千克提高到近 400 千克）。

1. 生产现状

据不完全调研及统计，至 2008 年中国有机稻米生产涉及种植的省区有黑龙江、吉林、辽宁、内蒙古自治区、新疆维吾尔自治区、宁夏回族自

---

\* 本文原刊登在《中国有机食品市场与发展国际研讨会论文集》，2009 年 9 月，67-73 页

治区、湖北、湖南、河南、安徽、浙江、重庆、广东、上海、四川、云南、江苏等近 20 个水稻生产省（自治区、市），面积已达到 3 万公顷左右，年产精制有机大米在 12 万吨左右。其中东北三省占到生产总量的 60%～70%。至今，经中绿华夏有机食品认证中心认证的有机稻米产品已达 150 个左右，生产面积约 2 万公顷。预计近 5 年内，全国年新增生产面积将会不断有序扩大。

2. 销售现状

目前，中国有机稻米的销售形式主要以内销为主，占生产总量的 90% 以上；少部分出口日本、韩国及港澳地区等。在国内销售中，绝大多数为直接食用大米，略有少量用作食品加工，如米制食品、酿酒等。对有机稻米选购的对象主要明显的是 5 类人口，即企业经理阶层、高级知识阶层、中高层公务员、高收入务工阶层、外国驻华机构人士等。因有机稻米生产的标准化要求高，大米产品加工讲究工艺精细，食用安全系数高，外包装比较精美，因此，深受消费者的青睐。

## 二、中国有机稻米生产发展的因素

综观上述生产与销售发展的状态，说明中国有机稻米生产发展具有许多的有利因素。

1. 具有良好农业资源和生态区域环境的选择范围大

由农业部种植业管理司和中国水稻研究所编著出版的《中国稻米品质区划及优质栽培》专著，将全国水稻生产划分为四大产区，即：华南食用籼稻区，华中多用籼、粳稻区，西南高原食用、多用籼、粳、糯稻区和北方食用粳稻区。每个产区中又划分为若干个亚区和次亚区。据有关专家按此调研分析，在这些产区中的部分亚区或次亚区中，都具有一定面积规模的比较适宜有机稻米生产的良好生态环境条件，面积大约可占到 300 万公顷。而这些产区又均具有水源充沛、水质优越、灌溉便利、土壤条件良好、大气环境清洁等农业资源优势及生态条件，对区域性有机稻米的生产将提供较大的选择。

2. 具有无公害、绿色食品稻米生产加工产业化的宏大基础

这个基础主要体现于：第一，数量基础。据相关统计显示，截至 2008 年年底，经过依法认证的无公害、绿色食品稻米产品合计有 1 000 余个，年总产量达 500 万千克，涉及生产面积有 100 万公顷之多；这些基数将是有机稻米发展的重要生产基础。第二，质量控制基础。无公害、绿色

食品稻米生产同样讲求全程质量管理，讲求认证程序，为发展有机食品稻米并更加严密的质量控制和追踪体系的建立健全打下了良好基础。第三，生产营销的模式基础。无公害、绿色食品稻米的生产模式以公司加基地加农户为主，营销模式以企业直销加代理助销为主，这为有机稻米的生产营销模式也提供了可借鉴的产业化发展基础。

3. 具有以传统技术与现代技术相结合的现代科技支撑

近些年来，水稻产区广大的稻农及相关农业科技工作者，在生产实践和科技攻关中，总结了传统农业生产方式的技术精华，积累并创新了许多有利于有机稻米生产的新型配套技术。主要集成于三大技术方式：一是对产地生态环境持续保持的技术方式；二是对病虫草害持续控制的技术方式；三是对土壤肥力持续支持的技术方式。这些生产的配套技术，为支撑有机稻米的更大发展奠定了相应的技术基础。

4. 具有生产与认证标准的积极引导

中国《有机产品》国家标准虽制定较晚，于2005年1月才正式实施。但从有机稻米的生产与认证开始之初，无论是生产者、认证机构都以参照相关国际组织（CAC、IFOAM）和相关国家的有机标准为基础，建立了企业的生产标准和认证机构的认证技术规范。进入21世纪后，中国的有机产品标准与配套规程制定加快，对有机产品和有机稻米的生产与认证起到了规范化的积极引导作用，促使生产者的标准化实施操作不断走向规范化。

5. 具有百姓生活质量提高过程中对食用大米新需求的市场拉动

随着中国改革开放程度的推进和全面建设小康社会步伐的加快，在国家综合国力不断增强的同时，百姓的生活水平有了很大的改善，从而人们开始追求生活质量的提高。以大米为主食的人群对其的选择要求已从求"量多价低"变为"质高健康"。部分经济发达的大中城市居民，对无公害、绿色、有机食品专销店（区）情有独钟，并成为消费市场的一大亮点。其中，有约10%的居民具有选购食用有机大米的强烈意向，这已成为拉动有机稻米生产发展的重要市场要素。

6. 具有政府重视并政策推动的支持

由于有机农业是重要的生态农业表现形式，符合对农业的可持续发展要求。有机食品是21世纪世界追踪的健康安全食品，有利于人类的生命质量、生活质量改善，有利于中国的农业与农村经济结构战略性的合理调整，有利于新农村建设。因此，从中央政府到地方各级政府越来越重视并制定相应的政策来支持鼓励发展有机农业和有机食品，包括有机稻米。2002 年农业部在全面推进"无公害食品行动计划实施意见"中明确提出了"大力发展品牌农产品。绿色食品、有机食品作为农产品质量认证体系的重要组成部分，要加快认证进程，扩大认证覆盖面，提高市场占有率"。2004 年商务部、科技部等 11 个政府部门为加快有机食品产业发展，也联合印发了《关于积极推进有机食品产业发展的若干意见》。2005 年农业部又发布了《关于发展无公害农产品、绿色食品、有机农产品的意见》。至 2008 年，中国共产党第十七届三中全会决定中明确提出了"支持发展绿色食品和有机食品"，这将对我国有机产品及有机稻米的生产发展起到划时代的促进作用。同时，近些年来，水稻产区的各级政府，也有的放矢地制定了相关的指导政策、扶持措施及奖励办法，有力推动并支持了有机农业和有机稻米的有序发展。

## 三、有机稻米的生产发展将给中国带来的改变

全球有机农业和有机食品生产的宗旨是：建立人与自然的和谐关系，促进生态环境的利用和保护，实现农产品的质量安全和农业的可持续发展。因此，有机稻米的生产发展在遵循这些宗旨下，结合当前中国政府作出的推进农村改革发展决定及促进农业稳定发展农民持续增收的若干意见等决策的新形势，其将给中国带来的改变主要会体现在以下 8 个方面。

1. 推进水稻品种结构和种植模式优化的改变

有机稻米生产的目的是供食用，作为定位于稻米中的高端产品，其第一要素是品质好、食味好，为此，生产者必须选择优良的水稻品种种植，这将有力促进水稻品种选育上的优化，推进水稻育种创新的进程。同时，有机水稻的种植需要选择良好的产地生态环境和相应的隔离措施，以及实行灌排水设施分离，依靠有机体系内自身力量保持土壤肥力为主，并保护生物多样性等，这将对传统的水稻种植模式是一种摒弃。因此，这种"双优化"的改变是一种结构模式上的创新，其也符合现代农业发展的方向。

2. 终结依赖化学物质使用维持生产的改变

有机稻米与有机农产品一样，在生产和加工过程中不使用人工合成的化学肥料、化学农药、生长激素、化学添加剂、化学色素和化学防腐剂等化学物质，不使用基因工程技术及其产品，这与传统农业和常规稻米大量依赖于使用化学物质维持生产相比，是一种颠覆性改变。其对于稻区修复

环境，治理土壤、水系的化学物质残留，改善土壤养分等具有重大的引导作用。

3. 促进生产过程控制方式的改变

当前，往往农产品质量安全出现的问题与生产过程的控制方式不严密有关。而有机稻米生产要求是依据《有机产品》标准进行操作，其需要实施对生产过程每个环节的有效控制，控制方式是依照标准和相关技术规程，实行过程有记录、环节有监督、全程可追踪，并注重有凭据验证；同时，有机生产讲究生产者建立健全质量管理体系，提倡与GAP、HACCP、ISO9000质量体系等并行。这与常规的稻米生产仍为粗放式的状态形成了截然不同的改变，其对常规的农产品生产控制方式将是一种典型的引路。

4. 推动水稻技术创新和应用效果的改变

由于有机水稻生产中不能使用化学物质防治病虫草害和土壤培肥，需要采用的是农业、生物、物理等方式。这就迫使水稻科技人员和生产者，需潜心研究和集成创新并形成有效的相关病虫草害综合防治新技术，以及生物肥料、有机肥料、农家肥料的配制技术等，攻关生物农药除草剂研制及种养结合、轮作休耕技术等。同时，须讲求在有机水稻生产中形成符合标准的应用效果。经过多年的努力，在这方面已形成了部分较成熟的技术，并取得了较好的效果。随着今后攻关研究创新力度的加大，支撑中国有机稻米生产的技术保障体系还将不断得到完善、配套和提升。

5. 引领稻农和生产者传统观念和素质的改变

由于有机稻米生产注重过程的系统化、规范化控制，要求从业的稻农和生产者克服传统自由或自主式为主的生产观念，而树立起清洁化生产、不使用化学物质、农事操作有记录、质量控制可追踪的新观念等，因此，这必将使稻农和生产者提升与观念更新相适应的素质，而这些素质包括文化素质和技术要领的解读及应用能力，其与国家建设新农村，"提高农民科学文化素质，培育有文化、懂技术、会经营的新型农民"及"支持建设绿色和有机农产品生产基地"目标一致，对大量从事常规水稻生产的稻农改变传统生产观念及提升从业素质已具引领作用。

6. 增强稻米生产及农业标准化实施信念的改变

推动农业标准化工作是现代农业实施的重要标志，也是中国政府在新时期推进农业生产方式转变的方针之一。但实施稻米生产及农业标准化的前提是生产的规模化、组织化、集约化程度要高。实践证明，以千家万户小农户及粗放式的生产模式是难以实施的。而有机稻米的生产以国家标准《有机产品》为基础，在实施中必须做到生产、加工、包装、销售及标志与标识使用等的全程依标生产、依标记录、依标追溯，否则就不能通过认证，就充分体现了生产的规模化、控制的组织化、管理的集约化。这应该是当前中国最好的农业标准化实施模式之一，因此，其也将对其他模式的稻米生产及农业标准化实施树立样板并增强信念。

7. 提振消费者对食用稻米质量安全选择信心的改变

稻米是中国60%以上人口的主食，每年的消费量在所有食品中占第一。由于在农业生产中使用大量的化学物质，加之环境的污染对生产的侵害，人们普遍担心稻米的食用安全。尤其是"三鹿奶粉"事件后，民众对食品安全疑虑增多。而有机稻米的生产注重非化学方式，强化过程安全控制，做到全程标准化生产，其最终产量大米应该是安全的和放心的产品。这对消费者来讲，不仅可增加选择的余地，而且，对以有机方式生产并认证的其他食品，也将提振消费者的信心，以至起到进一步促进消费并拉动生产的效果。

8. 促动各级政府加快推行有机农业补贴政策的改变

从目前中国经认证的有机产品2 400余个总量中，有机稻米的比例也许是最多的，预计会占到10%左右，其涉及的农民和农业企业也会是最多的。在中国政府倡导支持绿色食品和有机食品发展的时刻，以有机稻米的生产发展方式引领的有机农产品生产会首先引起相关政府的高度重视，从而，在目前国家推行的农业财政补贴结构中作出必要的调整，有可能制定出有机农业的补贴政策并加快推行，以促进有机农产品生产基地的建设和有机食品在中国的有序健康发展。

**参考文献**

蔡洪法 . 2002. 中国稻米品质区划及优质栽培［M］. 北京：中国农业出版社 .

郭春敏，李秋洪，等 . 2005. 有机农业与有机食品生产技术［M］. 北京：中国农业科学技术出版社 .

黄世文，王玲，等 . 2009. 水稻重要病虫草害综合防治核心技术［J］.

中国稻米（2）：55-56.

金连登，朱智伟.2004.中国有机稻米生产加工与认证管理技术指南
　　［M］.北京：中国农业科学技术出版社.

金连登.2007.我国有机稻米生产现状及发展对策研究［J］.中国稻
　　米（3）：1-4.

# 浅谈"稻鸭共育"技术应用与低碳稻作发展及稻米品质提升的关联性[*]

金连登

中国水稻研究所

**摘　要**：低碳经济及低碳农业已是世界关注的焦点，稻米品质提升更是我国亿万人口关注的热点。本文针对这两大主题，结合国内日益发展的"稻鸭共育"技术应用及效果，提示了低碳稻作生产发展的方向性目标，阐述了"稻鸭共育"与低碳稻作的一致性关系，提出了通过"稻鸭共育"技术提升稻米品质的关联性路径。

**关键词**：稻鸭共育，低碳稻作，稻米品质

在 2009 年召开的哥本哈根世界气候大会上，温家宝总理代表中国政府在会上承诺：到 2020 年，我国单位 GDP 的二氧化碳（$CO_2$）排放量（即碳排放强度，简称碳强度）将在 2005 年的水平上减少 40%~45%。面对这一承诺，我国各级政府，各行各业都必须以实际行动来实施低碳经济及低碳农业的方略，尤其是在实施现代农业和现代稻作的发展中，更应有所作为。

## 一、低碳稻作生产发展的方向性目标

当前，农业的污染是一个无法回避的问题，农业污染即面源污染，或称非点源污染，主要有过量施用化肥和化学合成农药造成的土壤和水体污染、农业生产废弃物造成的污染和农业温室气体排放等三大类。而水稻生产所具有的这三大类污染特征更为明显，在哥本哈根会上，稻田也一度被认为是造成大气中甲烷（$CH_4$）含量上升至温室效应的最大人为源。国内有关专家也研究指出：稻田是大气甲烷的重要排放源，甲烷温室效应约是二氧化碳的 30 倍。因此，在我国实施现代农业和现代稻作策略中，必须将低碳稻作生产的发展作为我国重大的节能减排要求来对待，其应围绕以下方向性目标来采取相应的举措。

第一，将减少化肥的施用作为重点。目前，我国水稻生产中化肥的用

---

* 本文原刊登在《全国稻鸭共作研讨会论文集》，2010 年 7 月，50-52 页

量仍然过多，每亩平均达到 40 多千克，必须采取措施，减轻过量施用化肥造成的环境污染、土壤板结、生物多样性的破坏程度。多采用种植绿肥、测土配肥、平衡施用农家肥、增施生物肥或有机肥，提倡化肥深施、平衡施肥技术应用等。据有关专家测算，施有机肥每年每公顷可增加有机碳 0.53 吨。若以全国稻田 4.5 亿亩算，以每亩增加有机质 0.1 个百分点，就增稻田碳汇 0.45 亿吨，相当于总减排二氧化碳 2.8 亿吨左右。

第二，推进绿色植保技术，减少化学农药施用量。深化高毒农药的替代技术研究与推广，生产应用生物农药高效低毒或无毒新型农药；加大综合运用杀虫灯、昆虫性信息素及色板等"三诱"防治技术及防虫网阻隔等物理防治水稻病虫害措施；大力推广稻田生物养殖的种养结合模式与人工释放天敌等生物防治技术等。

第三，推广稻田间歇灌溉技术。通过改变水稻田的水分管理可以改变甲烷菌生存的厌氧环境，从而控制甲烷产生和排放。另外，有条件的地区，采用滴灌水稻栽培技术，是一种既可节水又不产生稻田甲烷的生产方式。

第四，采用少耕、免耕或轮作等水稻保护性种植模式。其中，少耕、免耕会减少对土壤的扰动，对增加土壤团聚体数量，改善土壤结构和降低土壤表层有机质的矿化率均有作用。通过水稻适宜的品种间轮作，或与大豆、小麦、玉米、土豆、薯类等作物的轮作，有利于调节土壤结构，改善稻田的碳排放速率。

第五，鼓励稻草综合利用开发。除因地制宜将稻草适度还田利用外，应积极将稻草能源化——开发固化或气化燃料，饲料化——开发动物饲料，肥料化——开发农家肥或生物复合肥，建材化——开发建筑或家具材料等，减少稻草就地燃烧产生的甲烷和氧化亚氮（$N_2O$）的排放。

第六，推动绿色农业和有机农业生产方式在稻作生产中所占比重。以减少或不施用化学物质为关键控制的水稻标准化生产方式，既是绿色农业、有机农业的体现，也是现代农业综合技术运用，低碳农业发展及生物多样性保护的根本要求，因此，其具农业的可持续发展目标，应大力推动。

## 二、"稻鸭共育"技术应用与低碳稻作生产的一致性

"稻鸭共育"技术又称"稻鸭共作""稻鸭共生"等。它是指将雏鸭放入稻田后，无论白天和夜间，鸭一直生活在稻田里，稻和鸭构成了一个

相互依赖、共生共长的种养复合生态农业技术体系。因此，该技术也是当前低碳稻作的种养复合技术，其与低碳稻作生产相关的一致性主要体现在以下方面。

1. 对水稻病虫害的防治效果与低碳稻作减少化学农药施用量一致

据有关科研、推广机构多年实践证明，"稻鸭共育"技术对水稻三大重要流行病稻瘟病、白叶枯病、纹枯病具有防控作用，尤其是对纹枯病防治的效果更为明显。同时，其对以三化螟、二化螟、褐飞虱、白背飞虱、黑尾叶蝉、稻纵卷叶螟等主要害虫更具明显防治效果。因此，"稻鸭共育"技术可以按低碳稻作要求，实现在水稻成熟期前少施或不施化学农药要求，达到良好的防病治虫效果。

2. 对稻田杂草的防除效果与低碳稻作少用或不施化学除草剂一致

据统计，我国稻田杂草有200余种，其中严重危害的有20多种，稻田杂草多，与水稻争夺光照、肥料和生产空间，造成单位面积减产。过多依赖化学除草剂，会造成环境污染，碳排放量增加。但通过与鸭子共生，利用鸭子的食杂性特点，对除草的效果极为显著。从而，可以做到少用或不施化学除草剂，这与低碳稻作的要求完全吻合。

3. 对稻田的增肥效果与低碳稻作减少化肥施用量一致

据中国水稻研究所相关课题组研究表明：鸭粪的养分含量略低于鸡粪，但其粪中铁、锰、硼、硅含量居各种畜禽粪尿类之首。另外，一只鸭在稻鸭共育期间能排泄粪尿10~12千克，且氮、磷、钾含量丰富，如以50平方米稻田放养一只鸭子计算，其粪尿能够满足水稻正常生长发育的肥力需求。因此，其不仅起到了给水稻增肥、追肥的需要，而且，其也可为低碳稻作减少化肥，直至不施化学追肥奠定良好基础。

4. 对水稻的刺激生长及中耕、浑水、增氧效果与低碳稻作的减排要求一致

由于鸭子具有天生的活动性，在稻田中不停地穿梭觅食，产生了中耕浑水效果。水的搅动又使空气中的氧更易溶解于水中，促进水稻生长。泥土的搅拌浑水，也会抑制杂草发芽。同时，鸭在水稻植株间不停活动、刺激了水稻植株的发育和健壮，以增强抗逆能力。湖南农业大学专家黄瑛揭示的低碳稻作减排机理是：鸭子的活动增加了稻田水层与泥土层溶解氧含量；减少了土壤产甲烷细菌数量，由于鸭子的杂食性，田间杂草及水稻茎秆下脚叶被食，减少了为土壤甲烷细菌提供基质的来源。因此，发现

"稻鸭共育"能显著降低甲烷排放量，与常规水稻生产相比，减排幅度为44~55千克/公顷，降低了20%~33%。

5. 对水稻产区生态环境安全与低碳稻作促进生物多样性一致

据各地对"稻鸭共育"技术示范效果表明：采用"稻鸭共育"技术，实行了植物与动物的共生共长。由于不施用化学肥料和农药，鸭子的成活率高，同时也吸引了部分鸟类的到来，有利于对水稻植株上部害虫的捕食。据浙江金华的有机水稻基地试验结果显示，稻田中蜘蛛量比常规稻田增加1.10~1.137倍，其能有效抑制稻飞虱。同时，水稻害虫的寄生天敌褐腰赤眼蜂也大量增长，对稻飞虱卵和稻纵卷叶螟均有控制作用。因此，"稻鸭共育"技术对水稻产区的生态环境安全保护与低碳稻作促进生物多样性，保障农业的可持续发展是相辅相成的。

## 三、"稻鸭共育"技术应用对稻米品质提升的要求关联性

随着我国经济社会的发展和人们生活水平的日益提高，对食用稻米品质提升的要求越来越迫切。"宁可吃得少、也要吃得好、更要吃得安全放心"已是一种社会共识。由于"稻鸭共育"技术方式在水稻生产中应用越来越广，其对稻米品质的提升，既具有现实独特的功能，又具有潜在的发展功能，两者之间的关联性主要体现在以下方面。

1. 食用安全品质有保障

由于"稻鸭共育"技术应用的稻田必须选择在土壤农药残留和重金属含量低、产地环境好的区块，其生产过程中不能施用不利于鸭子共生共长的农药和化肥，因而，从生产的源头和生产的过程加以"双控制"，其产出的稻米必然符合国家食品安全标准的要求，可以吃得放心。据农业部稻米及制品质量监督检验测试中心每年从"稻鸭共育"产地委托或抽检的样品检测显示，其安全指标合格率达100%。

2. 理化品质显特色

稻米食用理化品质也称蒸煮品质，主要体现在碱消值、胶稠度、直链淀粉等指标上。通过几年来，中国水稻研究所课题研究人员的分析，"稻鸭共育"稻米与常规稻米比较，除碱消值差别不大外，胶稠度两者变幅在61~88，直链淀粉两者变幅在11.4~17.3。相比之下，彼此差异较大，"稻鸭共育"的稻米在胶稠度和直链淀粉含量上具有较大特色优势。

3. 食味品质趋提升

稻米食味品质亦称感官品质，其主要指标是气味、色泽、形态、适口

性、滋味等。目前，食味品质是消费者对稻米外观和口感的直接反映。据江苏丹阳嘉贤米业公司对市场消费者的调查反映，同一品种，产自于"稻鸭共育"稻田的稻米，消费者品尝后感觉其软而适口、香而有质地。究其原因是不用化肥和农药对提升食味品质有大益。据农业部稻米及制品质量监督检验测试中心多年组织食味测定，"稻鸭共育"稻米的分值要高于常规稻米5~10个百分点。

### 4. 营养品质待改善

稻米的营养品质包括蛋白质、总淀粉、氨基酸、矿物质元素、维生素及碳水化合物等多种指标。其应是主食稻米人群的营养素来源重要部分，但目前，对稻米营养品质，无论是生产者、经营者和消费者都比较注重蛋白质含量，而忽略其他相关指标的含量，值得改善。就蛋白质指标而言，"稻鸭共育"稻米与常规稻米的变幅一般在 7.4~11.0。中国水稻研究所的专家，通过近 3 年对有关"稻鸭共育"基地产出稻米的跟踪发现，其蛋白质平均含量在 8.6，属比较适宜人体接受的营养指标范围。但蛋白质含量又与其品种不同有密切关系，如含量高则影响食味，含量过低则营养性欠佳。

**参考文献**

金连登，朱智伟，等.2008."稻鸭共育"技术与我国有机水稻种植的作用分析 ［J］.农业环境与发展（2）：49-52.

金连登.2008.树立现代食用稻米品质新理念　研寻粳稻米多元市场需求新对策 ［C］//第三届全国粳稻米产业大会专集.

沈晓昆.2006.稻鸭共作增值关键技术 ［M］.北京：中国三峡出版社.

沈晓昆.2007.稻鸭共作赚钱多 ［M］.南京：江苏科学技术出版社.

张文斌，马静.2009.中国稻田 $CH_4$ 排放量估算研究综述 ［J］.土壤学报，46（5）：907-908.

朱万斌，王海滨，林长松.2007.中国生态农业与面源污染减排 ［J］.中国农学通报，23（10）：184-187.

# 稻鸭生态种养与低碳高效生产*

张卫星[1]　许立[1]　谢桐洲[2]　玄松南[1]　张寿江[2]　闵捷[1]　金连登[1]

1. 中国水稻研究所；2. 江苏省丹阳市嘉贤米业有限公司

**基金项目：**国家水稻产业技术体系专项（2011-2015）；中央级公益性科研院所基金（CNRRI2012RG007-3）；江苏省丹阳市高层次创业创新人才项目（2011）

**摘　要：**阐述稻鸭生态种养的特色与优势、研究进展与应用前景，并剖析稻鸭共育防治病虫草害的效果，中耕肥田及增氧刺激水稻生长的效应，对生态环境的贡献等方面与低碳生产要求减少化学肥料、农药、除草剂的施用量和节能减排、促进生物多样性的一致性。

**关键词：**水稻，鸭，生态农业，立体种养，低碳经济，优质高效

当前低碳经济已成为社会发展模式创新和转型的一个热门话题，实现高效、低耗、无污染，不仅事关国家未来竞争力和可持续发展，而且事关国民身心健康与构建和谐社会的大局。加快发展现代优质高效农业，以节肥、节药、节水、节饲和资源循环利用为目标，走产品质量优质化、综合效益高效化、资源利用集约化、生产过程清洁化、环境影响无害化为特征的生态农业之路，是作为第一产业的农业实现低碳高效发展的必然选择。实践证明，将种植业和养殖业有机结合，实施种养一体化，是解决农业面源污染和实现优质高效生产的有效途径，有利于低碳循环生态农业的形成。种植业内部、养殖业内部的物质循环利用，以及种养加相结合的物质循环利用，既能实现畜禽养殖"零排放"，又可为农作物种植提供肥源，真正实现优质高效农产品的生产，促进低碳农业和生态经济的增长，达到农民增收、农业增效和生态环境保护的多重功效。其中，稻鸭共育生态种养，就是把传统依靠化肥、农药种植水稻的单一模式，调整为稻+鸭、稻+鸭+萍和稻+鸭+萍+鱼等多物种、多类型的种养模式，形成依靠鸭在稻丛间中耕、除草、吃虫、吃萍、排泄和换羽还田肥土等多项功能，从而构建不施化肥农药、不污染环境、省工节本降耗的低碳稻作生产体系，形成以

---

* 本文原发表于《浙江农业科学》2012 年第 7 期，923-926 页

水田为基础、种稻为中心、家鸭野养为特点的自然生态和人为干预相结合的复合生态系统，已成为一项生产优质高效稻鸭产品，实现高效低碳农业的立体生态种养模式。瞄准当前国家发展低碳高效生态农业的重大科技需求，围绕优质、高产、高效、生态、安全的现代农业十字方针，开展高效低碳稻鸭生态种养与资源循环利用关键技术的研究与应用，明确稻鸭共育的低碳效应及其生理生态机制，研发稻鸭优质高效生产技术并集成应用，具有重要的理论与实践意义。

## 一、特色与优势

稻鸭生态种养的特色：不施化肥、农药，为鸭提供了充足的水分和既无污染又舒适的活动场所，其间的害虫（飞虱、叶蝉、蛾类及其幼虫、象甲、蝼蛄、福寿螺等）、浮游和底栖小生物、绿萍，为鸭提供丰富的饲料，并减少对水稻生育的为害；稻的茂密茎叶为鸭提供了避光、避敌的栖息地。鸭在稻丛间不断踩踏，使杂草明显减少，有着人工和化学除草的效果；鸭在稻间不断活动，既能疏松表土，又能促使气、液、土三相之间的交流，从而把不利于水稻根系生长的气体排到空气中，氧气等有益气体进入水体和表土，起到了中耕的作用，促进水稻根系、分蘖的生长和发育，增强抗倒能力；鸭在稻丛间连续活动，排泄物和换下的羽毛，不断掉入稻田，给水稻以追肥。因而，稻鸭共育的自然生产系统，可以实现种稻低碳高效；生产的优质稻米无公害，野生化的鸭肉成为鲜美可口营养丰富的有机绿色食品，售价高效益好；稻区环境不受污染，稻田可持续种养。

稻鸭生态种养的优势：能有效控制病虫草害和培肥稻田，减少化肥农药的使用量，降低农业面源污染，有效提高农产品质量和市场竞争能力，是建设高效低碳农业、发展有机生态农业的有效途径和新兴模式。

## 二、研究概况

稻鸭生态种养实质上是一项传统农耕稻作模式的提升与应用，这种模式的深化、研究与应用最先于 20 世纪的后期由日本兴起，并逐步形成了较为完善的技术理论体系与应用实践，国内随后有多家单位先后开展了相关的理论探索和技术应用。

1998 年以来，中国水稻研究所研究人员在查阅国内外有关文献资料和吸收日本稻田养鸭技术的基础上，自主创新，经过深入试验研究和示范，提出了一项以生产无公害高效益稻鸭产品为目标的大田畈、小群体、少饲喂稻鸭共育生态种养结合新技术。该项技术利用家鸭在稻间野养，不断捕食害虫，吃（踩）杂草，耕耘和刺激水稻生育，能显著减轻稻田虫、草、病的为害，同时排泄物又是水稻的优良有机肥，使水稻健壮生育，具有明显的省肥省药省工、节本增收和保护环境的多重功效，生产出的稻米和鸭肉产品优质、无公害。2004年，由该所主持承担的稻鸭共育无公害高效益技术及原理研究和应用项目通过了浙江省科技厅组织的成果鉴定。专家们一致认为，该项目提出的集成技术及其操作规程具有创新性，推广应用速度快，取得的经济、社会、生态效益显著，对促进农业增效、农民增收、保护和提高粮食生产能力具有重大的现实意义。据统计，该技术3年（2001—2003年）累计推广应用8.64万/公顷；1.53万/公顷中心示范方因节本及产品优质等使得纯收入比单纯种稻增加3 403.5元/公顷，增产稻谷295.5千克/公顷；为稻农增收2.94亿元，增产稻谷2.5万多吨。现已形成了农户+基地+龙头企业的规模化产业开发模式，促进了稻鸭产业群的建立和优质无公害稻米与鸭产品生产、加工、销售产业链的延伸。

江苏省丹阳市引进日本稻鸭共作技术，在原有的技术基础上吸收和再创新，建立了丹阳稻鸭共作基地，总结形成了一整套符合我国国情的稻鸭共作优质稻米集成生产技术，成为全国稻鸭共作技术人才交流和培训的中心。丹阳市农林局在此基础上组织编制了《稻鸭共作无公害生产技术规程》（2005年通过镇江市地方标准审定，并予以颁布执行），形成的稻鸭共作优质高产集成技术，从稻鸭品种繁育、筛选、应用到水稻标准化栽培管理、役用鸭标准化放养、饲育管理等各方面都在原有稻鸭共作的技术基础上有了许多创新和提高。同时，还以丹阳市嘉贤米业有限公司为主体形成了稳定的稻鸭共作有机生产体系，成为了全国稻田养鸭典型样板、国家粮食丰产科技工程稻鸭共作清洁化栽培技术示范基地、中日农业科技合作成果示范基地和国家引进国外智力成果示范基地。采用的稻鸭共作技术被国家外专局树为典型范例，受到日本等国外众多专家赞扬。2007年和2008年，稻鸭共作引智基地承办2期全国稻鸭共作培训班，全国稻作区省份300多位技术人员参加培训。2009年，不定期举办现场示范会和技术培训班十余场次。至2011年年底该稻鸭共作基地先后接待和培训江西、安徽、山东、湖北等省的技术人员5 000余人次。在本区域内带动1 000多农户发展稻鸭共作种植水稻，面积达3333公顷，平均节本增收超过1.5万元/公顷。

湖南农业大学自20世纪90年代初开始研究稻鸭立体种养模式，系统研究了稻鸭共育技术规程、稻鸭共育对水稻病虫草害的影响、对稻田生物群落的影响、对稻田土壤的影响、稻鸭共育生态功能评价以及减排温室气体机理等。在益阳、浏阳等地采用静止箱原位观测的办法进行观测、取样、测量。发现稻鸭共育能显著降低甲烷（$CH_4$）的排放量，与常规水稻生产相比，差异显著，其日变化规律与温度变化基本一致，季节变化主要随着水稻的生育期及稻田土壤含碳量的变化而变化。在一些科学家看来，农田排放温室气体是影响气候变暖的重要原因，湖南农业大学的研究表明，稻鸭共育减少了农田温室气体的排放。按照项目专家的理论依据，减排机理主要在于：鸭子的活动增加了稻田水层与泥土层溶解氧含量；减少了土壤产甲烷细菌数量；田间杂草及水稻茎秆下脚叶被鸭子取食，减少了为土壤甲烷细菌提供基质的来源。但由于水层和表层泥溶解氧含量增加，有助于氧化亚氮产生与排放，因此 $N_2O$ 排放量较常规稻作略有增加。但稻鸭种养模式的 $CH_4$ 和 $N_2O$ 产生的总温室效应比常规稻作减少了相当于864.5~1 269.3 克/公顷的 $CO_2$ 排放量。还有研究指出稻、鸭、鱼生态种养对稻田甲烷减排及水稻栽培环境大有改善。稻鸭鱼共栖生态系统中，鱼和鸭通过消灭杂草和水稻下脚叶影响甲烷菌生存的环境，间接地减少甲烷的产生；最重要的是，通过鸭群和鱼的活动增加稻田水体和土层的溶解氧，改善了土壤氧化还原状况，加快了甲烷的再氧化，从而降低甲烷的排放通量和排放总量，对稻田甲烷排放高峰期的控制效果最为明显。

## 三、稻鸭生态种养与低碳稻作生产的一致性

稻鸭生态种养的低碳效应在于，能显著减少甲烷气体排放，发挥"节能减排"的大作用。在哥本哈根会议上中国政府承诺，到2020年，我国单位 GDP 的 $CO_2$ 排放量将在2005年的水平上减少40%~45%。稻田一度被认为是造成大气中甲烷（$CH_4$）含量上升的最大源头，而 $CH_4$ 的温室效应约是 $CO_2$ 的30倍。这种看法无疑对我国水稻生产、低碳高效农业的发展以及政府承诺的兑现带来极大挑战。稻鸭生态种养与低碳稻作生产的一致性主要表现在以下几个方面。

稻鸭共育对水稻病虫害的防治效果与低碳稻作减少化学农药施用量的要求相一致。稻鸭共育对稻瘟病、白叶枯病、纹枯病具有防控作用，对二化螟、三化螟、褐飞虱、白背飞虱、黑尾叶蝉、稻纵卷叶螟等主要害虫更具有明显的防治效果。因此该技术可以按低碳稻作要求，实现在水稻生长

期间少用或不用化学农药而达到良好的防病治虫效果。

稻鸭共育对稻田杂草的防除效果与低碳稻作少用或不施化学除草剂的要求相一致。稻田杂草多且为害严重，与水稻争光照、肥料和生长空间，造成减产。而过多地依赖化学除草剂，则会造成环境污染和碳排放量的增加。通过稻鸭共生，利用鸭子的杂食性，对除草的效果极为显著，从而可以做到少用或不施化学除草剂，这与低碳稻作的要求相吻合。

稻鸭共育对稻田的增肥效果与低碳稻作减少化肥施用量的要求相一致。在稻鸭共育期间，每只鸭能排泄粪便 10~12 千克，其养分含量虽略低于鸡粪，但铁、锰、硼、硅含量居各种畜禽粪便之首，且氮、磷、钾含量也较丰富。据统计，1 只鸭在稻丛间 2 个月左右累计排泄物相当于 N 47 克、$P_2O_5$ 70 克和 $K_2O$ 31 克，能满足 50 平方米稻田上水稻植株正常生长发育的肥力需求。因此，稻鸭共育不仅起到给水稻增肥、追肥的效果，而且还可为低碳稻作减少化肥直至不追施化肥奠定良好的基础。

稻鸭共育对水稻的生长刺激及中耕、浑水、增氧效果与低碳稻作的减排要求相一致。鸭子天生好动，在稻田中不停穿梭觅食，具有中耕浑水效果，既刺激稻株健壮发育，又增加水层与泥土层溶解氧的含量，抑制杂草发芽生长以及啄食田间杂草和茎秆下部叶片，从而减少了土壤产甲烷细菌的基质来源和种群数量。因此，稻鸭共育能显著降低甲烷排放量，减排幅度为 44~55 千克/公顷，比常规稻作降低 20%~33%。

稻鸭共育对水稻产区生态环境安全的贡献与低碳稻作促进生物多样性的要求相一致。稻鸭共育实现了植物与动物的共生共长，且不施用化肥和农药，稻田中蜘蛛数量比常规稻作大约增加 1.1 倍，水稻害虫的寄生天敌如赤眼蜂也大量增长。可见稻鸭共育技术对水稻产区生态环境保护的贡献与低碳稻作促进生物多样性和农业可持续发展的要求一致。

## 四、应用前景

稻鸭生态种养是一项低投入、高产出、降能耗、少排放的先进环保优质高效新技术。由于稻田养鸭，产出优质无公害的大米、鸭肉及鸭蛋，农民收入增加，与常规稻作相比较，所产生的经济效益、社会效益和生态效益非常显著。因此，各地都在积极研究与推广应用这种模式，并进行广泛吸收和再创新，该项技术符合发展低碳生态农业及生产优质安全食品的要求，其应用前景将很广阔。

随着人们对生态环境问题的普遍关注，对建立在大量使用化肥农药的农业生产体系提出了挑战。而人民生活水平的提高，消费者对健康问题的广泛重视，也促使人们将农业进一步发展的方向定位在无公害、无污染农副产品生产上，并制定出相应的技术、质量标准。有机食品概念下的有机农业便是这一趋势的必然反映。有机稻米的生产过程是不使用化肥、农药、生长调节剂等物质，也不采用转基因技术及其产物，而是遵循自然规律和生态学原理，采用种养结合、循环再生、维持农田生态系统持续稳定等一系列可持续发展的农业技术进行生产。有机水稻生产以健全土壤培肥体系为基础，以推进水稻健身栽培为抓手，以实施农业综合防治为保障，从化学农业生产方式转换到有机农业生产方式上来，实现作物高产高效的总体策略。稻鸭共育生态种养应用于有机水稻是当今兴起的一项生产技术，成为有机生产体系中病虫草害综合防治和稻田土壤持续培肥的核心技术。这种稻鸭生态种养模式，既符合有机食品生产的要求，又符合优质高效生产的目标，具有省工、节本、高效、产品优质安全等特点，既是农户增收致富的一条好途径，也是实施有机绿色环保的一项好措施。因此，稻鸭生态种养在有机农业生产领域会有更加广阔的应用前景。

## 参考文献

蔡立湘，彭新德，纪雄辉，等．2010．南方稻区低碳农业发展的技术途径［J］．作物研究，24（4）：218-223．

贺金萍．2011．农业发展新探索：从生态农业到低碳农业［J］．新农村（4）：51-52．

黄国勤，赵其国．2011．低碳经济、低碳农业与低碳作物生产［J］．江西农业大学学报：社会科学版，10（1）：1-5．

黄璜，杨志辉，王华，等．2003．湿地稻—鸭复合系统的 $CH_4$ 排放规律［J］．生态学报，23（5）：929-934．

黄璜．2011．稻鸭生态种养技术［J］．农民科技培训（4）：23-24．

金连登，朱智伟，朱凤姑，等．2008．稻鸭共育技术与我国有机水稻种植的作用分析［J］．农业环境与发展，25（2）：49-52．

刘月仙，吴文良，蔡新颜．2011．有机农业发展的低碳机理分析［J］．中国生态农业学报，19（2）：441-446．

罗吉文，许蕾．2010．论低碳农业的产生、内涵与发展对策［J］．农业现代化研究，31（6）：701-703．

毛慧萍．2011．利用稻鸭共作生产有机稻米的实践与体会［J］．上海农业科技（2）：131-132．

毛晓梅，潘建清，黄际来．2009．稻鸭共育技术在有机稻米生产中的推广应用［J］．安徽农学通报，15（13）：63．

秦钟，章家恩，骆世明，等．2010．稻鸭共作系统生态服务功能价值的评估研究［J］．资源科学，32（5）：864-872．

沈建凯，黄璜，傅志强，等．2010．规模化稻鸭生态种养对稻田杂草群落组成及物种多样性的影响［J］．中国生态农业学报（1）：123-128．

沈晓昆．2003．稻鸭共作：无公害有机稻米生产新技术［M］．北京：中国农业科学技术出版社．

孙园园．2007．川中丘区稻田生态系统温室气体排放研究：以四川省金堂县为例［D］．成都：四川农业大学．

汪金平，曹凑贵，金晖，等．2006．稻鸭共生对稻田水生生物群落的影响［J］．中国农业科学，39（10）：2 001-2 008．

王成豹，马成武，陈海星．2003．稻鸭共作生产有机稻的效果［J］．

浙江农业科学（4）194-196.

王连生，刘志龙，李小荣，等.2006.山区单季稻田鱼—鸭—稻共育生态系统中主要病虫害控制关键技术的研究［J］.浙江农业学报，18（3）：183-187.

王强盛，黄丕生，甄若宏，等.2004.稻鸭共作对稻田营养生态及稻米品质的影响［J］.应用生态学报，15（4）：639-645.

魏守辉，强胜，马波，等.2005.稻鸭共作及其它控草措施对稻田杂草群落的影响［J］.应用生态学报，16（6）：1 067-1 071.

向敏，黄鹤春，裴正峰，等.2010.我国稻鸭共作技术发展现状与对策［J］.畜牧与饲料科学，31（10）：33-36.

向平安，黄璜，黄梅，等.2006.稻—鸭生态种养技术减排甲烷的研究及经济评价［J］.中国农业科学，39（5）：968-975.

许德海，禹盛苗，金千瑜，等.2006.稻鸭共育无公害高效益技术研究成果与应用［J］.中国稻米（3）：37-39.

杨志辉，黄璜，王华.2004.稻—鸭复合生态系统稻田土壤质量研究［J］.土壤通报，35（2）：117-121.

禹盛苗，欧阳由男，张秋英，等.2005.稻鸭共育复合系统对水稻生长与产量的影响［J］.应用生态学报，16（7）：1 252-1 256.

袁伟玲，曹凑贵，李成芳，等.2009.稻鸭、稻鱼共作生态系统 $CH_4$ 和 $N_2O$ 温室效应及经济效益评估［J］.中国农业科学，42（6）：2 052-2 060.

展茗，曹凑贵，汪金平，等.2009.稻鸭复合系统的温室气体排放及其温室效应［J］.环境科学学报，29（2）：420-426.

张广斌，马静，徐华，等.2009.中国稻田 $CH_4$ 排放量估算研究综述［J］.土壤学报，46（5）：907-916.

张莉侠，曹黎明.2011.中国低碳农业发展：基础、挑战与对策［J］.农业经济（4）：3-5.

张苗苗，宗良纲，谢桐洲.2010.有机稻鸭共作对土壤养分动态变化和经济效益的影响［J］.中国生态农业学报，18（2）：256-260.

赵诚辉，张亚，曾晓楠，等.2009.稻鸭共养生态系统抑制病虫草害发生的研究进展［J］.家畜生态学报（6）：146-151.

赵其国，钱海燕.2009.低碳经济与农业发展思考［J］.生态环境学报，18（5）：1 609-1 614.

甄若宏，王强盛，张卫建，等．2006.稻鸭共作对水稻条纹叶枯病发生规律的影响［J］.生态学报，26（9）：3 060-3 065.

周华光，梁文勇，刘桂良，等．2009.稻鸭共育对超级稻田稻飞虱控制和蜘蛛种群数量的影响［J］.中国稻米（4）：24-25.

朱凤姑，庆生，诸葛梓．2004.稻鸭生态结构对稻田有害生物群落的控制作用［J］.浙江农业学报，16（1）：37-41.

朱万斌，王海滨，林长松，等．2007.中国生态农业与面源污染减排［J］.中国农学通报，23（10）：184-187.

邹剑明，黄志农，文吉辉，等．2010.稻鸭生态种养技术对水稻主要害虫及天敌的影响［J］.江西农业学报，22（7）：81-83.

左晓旭，陈小忠，沈建国，等．2005.稻鸭共育高效机制与高产技术［J］.浙江农业科学（5）：417-418.

# 我国有机稻米食味品质特色与满足市场需求的
# 对策研究*

金连登　张卫星　朱智伟　闵捷　施建华　许立

中国水稻研究所　农业部稻米产品质量安全风险评估实验室

中国农业科学院稻米质量安全风险评估研究中心

**基金项目**：本文为国家自然科学基金项目（编号：31201175）和农业部稻米质量安全风险评估项目（2013 年国家财政专项资金）的部分研究成果。

**摘　要**：本文阐述了面对当今我国市场需求特点及消费者选择倾向。有机稻米应关注并提升食味品质特色作为重点要素的见解，提出了培育并提升有机稻米食味品质特色及市场营销的途径、方法及策略。

**关键词**：有机稻米，食味品质，市场需求，发展策略

稻米是我国 60% 以上人口的主食，随着中国经济社会的发展和人们生活质量的提高，对稻米的需求不再是量的增长，而转向质的提升。因此，有机稻米以保障食用安全为基础，突出食味品质为特色，体现好吃口感为首选的市场需求时代特征，将会成为当今消费者越来越喜好的转向。

## 一、有机稻米的食味品质特色

### 1. 我国现行标准规定的食用稻米品质要素

依据我国现行的相关标准，对食用稻米品质可分为 8 项构成要素来加以解读：①碾磨品质（加工品质）——体现稻米加工的程度和档次；②外观品质——反映稻米经加工后的外观形态；③蒸煮品质——体现稻米的内在食用理化品质，是食味品质的基础；④食味品质（感官品质）——反映稻米煮成米饭后的色、香、味、形等食用时的感觉；⑤营养品质——反映稻米内在的营养素组成成分；⑥安全品质（卫生品质）——反映稻米中留存的相关有毒有害物质状态；⑦储存品质——体现稻米经储存后的内外物质结构变化程度；⑧功能品质——体现稻米中的某些特定成分对人或动物提供的特需功能作用。对食用稻米品质的上述 8 项构成要素所涉及的

---

*　本文原发表于《农产品质量与安全》，2013 年第 6 期，26－29 页

相关标准中规定的主要品质指标见表1。

2. 有机稻米的食味品质及特色

有机稻米的食味品质在于突出人的感官与味觉为基础，对米饭的气味、色泽、形态、适口性、滋味、外观、冷饭质地等的综合感受性评价。根据中国人群历史形成的对米饭口感的地域性习惯，有注重其中单项食味特征的，也有注重其中多项食味特征的。表2所列稻米（米饭）食味品质（感官评价内容与描述），同样适用于有机稻米的食味品质评价。

表1　我国主要标准和技术规范涉及的稻米品质指标名称

| 品质分类 | | 主要品质指标名称 | 涉及主要标准和技术规范 |
| --- | --- | --- | --- |
| 外在品质 | 碾磨品质（加工品质） | 出糙率、糙米率、精米率、整精米率、碎米率、异品种率、水分、光泽、不完善粒、黄粒米、裂纹粒、带壳稗粒、糠粉、稻谷粒、无机杂质、有机杂质、矿物质、加工精度、黑米色素等 | GB 1354《大米》、GB 1350《稻谷》、GB/T 17891《优质稻谷》、GB/T 18810《糙米》、GB/T 15682《粮油检验稻谷、大米蒸煮食用品质感官评价方法》、NY/T 593《食用稻品种品质》、NY/T 594《食用籼米》、NY/T 595《食用粳米》、NY/T 596《香稻米》、NY/T 832《黑米》、NY 147《米质测定方法》…… |
| | 外观品质 | 垩白粒率、垩白度、白度、阴糯米率、色泽、透明度、粒形（长宽比）、谷外糙米、红曲米色价等 | |
| | 蒸煮品质 | 直链淀粉、胶稠度、碱消值（消减值）等 | |
| 内在品质 | 食味品质（感官品质） | 气味、色泽、形态、适口性、滋味、外观、冷饭质地、香米香味、黑米口味等 | GB/T 17891《优质稻谷》、GB/T 15682《粮油检验稻谷、大米蒸煮食用品质感官评价方法》、NY/T 596《香稻米》、NY/T 832《黑米》…… |
| | 营养品质 | 蛋白质、总淀粉、氨基酸、脂肪、矿物质元素、谷维素、维生素、肌醇、碳水化合物、生物碱、植酸、R-氨基丁酸等 | NY/T 593《食用稻品种品质》、NY/T 594《食用籼米》、NY/T 595《食用粳米》、NY/T 419《绿色食品大米》…… |
| | 安全品质（卫生品质） | 农药残留、重金属残留、植物生长缴素残留、致病菌、亚硝酸盐、硝酸盐、黄曲霉毒素、除草剂残留、增白剂、矿物油、工业蜡及着色剂等 | GB 2715《粮食卫生标准》、GB/T 19630《有机产品》、GB/T 2762《食品中污染物的限量》、GB 2763《食品中农药最大残留限量》、NY/T 5115《无公害食品稻米》、NY/T 419《绿色食品大米》…… |
| | 储存品质 | 色泽、气味、脂肪酸值、酸度、虫蚀粒、霉变粒、病斑粒等 | GB/T 20569《稻谷储存品质判定规则》 |
| | 功能品质 | 尚未明确确定（参照相关标准中的要求） | 待制定 |

表 2　稻米（米饭）食味品质（感官评价内容与描述）

| 评价内容（项目） | | 描　述 |
|---|---|---|
| 气　味 | 特有香气 | 香气浓郁；香气清淡；无香气 |
| | 有异味 | 陈米味和不愉快味 |
| 外观、形态 | 颜色 | 颜色正常，米饭洁白；颜色不正常，发黄、发灰 |
| | 光泽 | 表面对光反射的程度：有光泽、无光泽 |
| | 完整性 | 保持整体的程度：结构紧密；部分结构紧密；部分饭粒爆花 |
| 适口性、滋味 | 黏性 | 黏附牙齿的程度：滑爽、黏性、有无黏牙 |
| | 软硬度 | 白齿对米饭的压力：软硬适中；偏硬或偏软 |
| | 弹性 | 有嚼劲；无嚼劲；疏松、干燥、有渣 |
| | 纯正性持久性 | 咀嚼时的滋味：甜味、香味以及味道的纯正性、浓淡和持久性 |
| 冷饭质地 | 成团性黏弹性硬度 | 冷却后米饭的口感：黏弹性和回生性（成团性、硬度等） |

有机稻米的食味品质特色在于尊重人群对米饭口感的地域性习惯，选择以特定水稻品种为基础的，通过科学嫁接生产的良种良法应用．并配以优良的加工工艺，生产出具有显著食味品质指标特征的大米，以满足现代生活质量提升后人们的新需求。

3. 现代消费者对有机稻米食味品质特色的市场选择性倾向

当前，除了依据国家和行业相关标准中规定的稻米品质评判指标外，更应关注消费市场的行为选择。综观近几年消费市场对稻米食味品质新选择倾向，其主要反映在 5 个"好"字上：①"好看"——取决于种植技术和加工工艺的提升，保持对大米粒形、色泽、垩白、透明度等良好观感；②"好闻"——保持优质大米的固有新鲜清香气息；③"好吃"——米饭具有稳定的口感食味和滋味，并有营养与卫生安全；④"好贮"——大米具有稳定的保质保鲜期，耐贮存；⑤"好价"——购买的大米性价比符合消费心理价位。因此，归结起来对有机稻米市场选择主要分 3 种倾向性类型：一是中看又味香型，注重外观好看，饭粒形态整齐，色泽透明且带光亮度，食用时具有满意的香气味等。二是适口又滑爽型：注重米饭口味好吃，入嘴润滑爽口，咀嚼时有滋味等。三是冷饭具弹性型：注重食用冷饭时仍具良好口感，黏弹性足，且不回生等。

## 二、培育并提升有机稻米食味品质特色的途径与方法

### 1. 分析研究影响稻米食味品质关键指标的相关性

据中国水稻研究所相关科研人员连续开展的对中国近 30 多年来几万份水稻主栽品种的品质状况监测研究，有关数据显示，稻米食味品质与稻米的蒸煮品质（理化品质）、外观品质、营养品质、碾磨品质及储存品质等多项指标存在紧密性相互作用关系。

近几年来，国内相关科研机构及大专院校的一些专家开展多项研究也充分表明，影响稻米食味品质关键指标及其相关性在于，气味、外观品质与碾磨加工品质有关；适口性、滋味与蒸煮品质中的直链淀粉、胶稠度、碱消值，以及营养品质中的蛋白质、脂肪、淀粉含量等直接有关，还与储存品质中的脂肪酸值指标高低有关；冷饭质地也类同于与适口性、滋味的上述关联指标有关，并具有相似性。

沈阳农业大学相关科研人员通过对东北三省水稻品质性状比较研究认为，辽宁省和吉林省应主攻降低垩白粒率和垩白度，黑龙江省和吉林省应注意防止整精米率降低，黑龙江省还要注重提高糙米率。天津中日水稻品种食味研究中心的研究表明，稻米的直链淀粉含量与最高黏度和崩解值呈现显著负相关与极显著负相关，与最终黏度和消减值呈现显著正相关与极显著正相关。蛋白质含量与直链淀粉含量呈显著负相关，蛋白质含量与最终黏度呈显著负相关。食味评价得分与蛋白质含量呈极显著负相关，与直链淀粉含量及 RVA 各特征值之间的相关关系均不显著。提出应以食味品质研究为核心，尽快提高我国稻米品质；降低稻米蛋白质含量、直链淀粉含量，提高最高黏度值，三者平衡性好；采用食味水稻育种法选育优良食味水稻品种；加强食味品尝评价体系的构建，建立米饭食味品评员专业资质队伍等。

### 2. 选择好适宜的水稻品种资源

我国是全球水稻品种最多的国家，品种资源相当丰富，各地既有水稻主栽品种，也有传统的地方特色小品种。目前的有机稻米均来自于各产稻区现行种植的品种。从现行种植的品种性状来看，有体现高产的，有体现抗病虫害的，有体现粒形外观的，也有体现食味品质特征的。因此，有机稻米生产者，在选择体现食味品质特征的水稻品种种植时，应把握三大关键因素：①水稻品种是否适宜限定的栽种区域。②品种的食味品质特征指标是否适合自己营销定位。③品种特性所需的生产栽培技术要求是否能应

用并掌控。

3. 采用现代良种与良法配套的生产栽培与加工技术

有机稻米生产的基础是依据我国 GB/T 19630《有机产品》标准的要求组织生产与加工。因此，在此原则下采用现代良种与良法配套的、体现最终产品稻谷中具食味品质指标特征的生产栽培与加工技术显得十分重要。

（1）气候条件。山东省水稻研究所相关科研人员研究提出了日照长度与精米率呈显著正相关（$r = 0.744\,4$），与垩白率、垩白度、蛋白质含量呈显著或极显著负相关（$r$ 依次为 $-0.913\,8$、$-0.927\,6$ 和 $-0.733\,5$）。灌浆期短日照使稻米外观、加工、食味品质下降，营养品质提高。云南省农业科学院相关科研人员对海拔条件下耐冷性粳稻米品质的稻米淀粉RVA 谱特性开展的研究表明，随种植海拔的升高，弱耐冷性品种的消减值明显增大，峰值黏度和崩解值显著减小，而强耐冷性品种的峰值黏度和崩解值呈先降后升趋势，消减值则表现先升后降趋势。强耐冷性品种的稻米淀粉 RVA 谱特性受海拔变化的影响比弱耐冷性品种小，蒸煮食味品质表现相对稳定，但弱耐冷性品种的蒸煮食味品质随海拔升高明显呈变劣趋势。

（2）生产栽培方式。山西财经大学相关人员研究指出，有机肥、东洋生物肥明显增加了土壤有效磷、有效钾的含量。中国水稻研究所开展的相关研究结果也表明，倒 2 叶基角、株高和单穗重对米质性状影响较大；直链淀粉含量、糙米率和透明度对株型性状影响较大。扬州大学专业人员研究表明，水稻根系分泌的草酸与稻米的垩白米率、垩白度和胶稠度均呈极显著正相关；根系分泌的柠檬酸与垩白米率、垩白度、崩解值呈极显著负相关，而与消减值呈极显著正相关。

（3）成熟收获。天津农学院相关科技人员研究表明，不同收获期的产量、整精米率、垩白率、蛋白质含量、RVA 的崩解值和消减值、米饭食味值等指标均有差异。推迟收获可以提高产量、稻米的碾磨品质、崩解值和黏度值，改善外观，降低垩白率、硬度。减少消减值，蛋白质含量也随之降低。扬州大学研究了结实期不同阶段倒伏对品质指标的影响。结果表明，除糙米率、籽粒长宽比、糊化温度和胶稠度外，多数稻米品质指标均受倒伏的影响而变劣，并使得稻米食味品质降低。

（4）加工贮存。天津农学院的研究结果表明，陈米的食味值均有不同程度下降；新米食味值高的品种其陈米的食味值也相对较高；与新米相比，陈米的直链淀粉含量和蛋白质含量无明显变化；陈米的最高黏度和崩解值较新米有所上升；陈米米饭的硬度上升，黏度下降，陈米的硬度和黏度分别与其食味值呈显著负相关和正相关关系。上海市农业科学研究院相关科研人员利用RVA测定稻谷淀粉黏度特征值，结果表明各特征值在储藏1~5个月内变化较小，而6~7个月期间变化较大，大部分特征值变化差异达到显著或极显著水平。不同类型稻谷在储藏期间黏度特征值发生明显差异的时间点不同，粳糯类水稻品种在储藏期间发生明显差异的时间点明显早于粳稻和籼稻类。河南工业大学相关科技人员测定了不同储藏温度下常规和气调储藏稻谷（充氮气调条件）的各项品质指标。结果表明，当储藏温度较低时，常规和气调储藏稻谷的各项检测指标较为接近；而高温储藏时，气调储藏稻谷的各项检测指标均优于常规储藏。因此，稻谷储藏时，低温储粮应是首选方案。当低温不易实现时，可选择气调储藏以减轻温度对稻米品质的影响。

### 三、以食味品质特征为先导的有机稻米面向市场营销新策略

1. 突出食味品质是当今市场营销定位的根本基点

有机稻米在注重生产过程控制和食用安全有保障的前提下，立足于高标准、高质量、高成本的生产，理应有别于普通稻米的品质指标。可以预测，我国在近20年中有机稻米生产发展与市场选择将分为两个阶段，即近期必定以注重食味品质为主，远期将以讲究食味品质和营养品质并重为主，每个阶段的时间差将在10年左右。那么，当前面向市场营销的定位应是相对讲究生活质量为目标的消费群体，因此，就必须做到超前定位稻米的食味品质特色。如入嘴有香气味、口感有滋味、冷饭有软感、适口有嚼劲等。有机稻米生产者如对此有深层次的认识，就会从突出食味品质特征入手，组织生产与加工，抓好包装和自有品牌建设，树立起自有特色的市场营销亮点。

2. 确定不同消费群体的合适销价是当今市场营销的基本手段

对具有食味品质特色的有机稻米的销价确定是一门科学。如定价过低，生产成本抵不了，消费者会不屑一顾；如定价过高，违背价值规律，消费者会望而却步。回顾前期中国未以食味品质为先导的有机稻米存在着销价过高的普遍现象，造成了销量不大，品质特色无亮点，消费者对购有机稻米兴趣上不来，相当数量的有机稻米生产者效益不好，有的还亏损严

重。这说明，在立足食味品质特色为基础的有机稻米营销上，今后应调整思路，在销价确定上一定要审时度势。

3. 采用多元化方式是当今市场营销的有效渠道

以具食味品质特色为主的有机稻米市场营销，在现代电子商务和物流十分发达的经济发展新时代，应勇于采用多元化方式，如"产、加、销"一条龙，企业现货直销专卖、电子商务、物流联动，网购、进社区、联营"一体化"，以及零售、超市、团购结合等，探索并推进以多渠道开辟销售模式，是赋予当今我国特色有机稻米市场生命力之路。

**参考文献**

GB/T 15682—2008. 2009. 粮油检验稻谷、大米蒸煮食用品质感官评价方法 [S]. 北京：中国标准出版社.

陈能，罗玉坤，朱智伟，等. 1997. 优质食用稻米品质理化指标与食味的相关性研究 [J]. 中国水稻科学，11（2）：70-76.

陈能. 2012. 市场选择与优质食用稻米分级评价标准 [J]. 粮食与饲料工业（7）：9-12.

国家认证认可监督管理委员会. 2012. 有机产品国家标准理解与实施 [M]. 北京：中国标准出版社.

金连登，朱智伟. 2004. 中国有机稻米生产加工与认证管理技术指南 [M]. 北京：中国农业科学技术出版社.

王新其，殷丽青，卢有林，等. 2011. 水稻储藏过程中淀粉黏度特性的变化 [J]. 植物生理学报，47（6）：601-606.

中国水稻研究所，国家水稻产业技术研发中心. 2010. 2010 年中国水稻产业发展报告 [M]. 北京：中国农业出版社.

中国水稻研究所，国家水稻产业技术研发中心. 2011. 2011 年中国水稻产业发展报告 [M]. 北京：中国农业出版社.

中国水稻研究所，国家水稻产业技术研发中心. 2012. 2012 年中国水稻产业发展报告 [M]. 北京：中国农业出版社.

朱佳宁. 2013. 黑龙江省绿色食品专营市场和品牌建设的探索与实践 [J]. 农产品质量与安全（3）：27-30.

# 主要参考文献

程式华, 李建 . 2007. 现代中国水稻 [M]. 北京: 金盾出版社 .

郭春敏, 李秋洪, 王志国 . 2005. 有机农业与有机食品生产技术 [M]. 北京: 中国农业科学技术出版社 .

国家认证认可监督管理委员会, 中国农业大学 . 2017. 中国有机产品认证与产业发展 (2016) [M]. 北京: 中国质检出版社, 中国标准出版社 .

国家认证认可监督管理委员会, 中国有机产品认证技术工作组 . 2012. GB/T 19630—2011《有机产品》国家标准理解与实施 [M]. 北京: 中国标准出版社 .

何乐琴, 王家珍 . 2001. 农业基础知识 [M]. 浙江: 浙江科学技术出版社 .

贾小红, 黄元仿, 徐建堂 . 2001. 有机肥料加工与施用 [M]. 北京: 化学工业出版社 .

金连登, 张卫星, 朱智伟 . 2014. 国家农业行业标准 NY/T 2410—2013《有机水稻生产质量控制技术规范》解读 [M]. 北京: 中国农业科学技术出版社 .

金连登, 朱智伟 . 2004. 有机稻米生产加工与认证管理技术指南 [M]. 北京: 中国农业科技出版社 .

凌启鸿, 等 . 2002. 水稻精准定量栽培理论与技术 [M]. 北京: 中国农业出版社 .

刘培棣 . 1979. 广开肥源 科学施肥 [M]. 北京: 北京出版社 .

中国绿色食品协会有机农业专业委员会 . 2015. 有机稻米生产与管理 [M]. 北京: 中国标准出版社 .

中华人民共和国农业部 . 2009. 水稻技术 100 问 [M]. 北京: 中国农业出版社 .